国家中等职业教育改革发展示范校创新系列教材

顾　　问：余德禄
总 主 编：董家彪
副总主编：杨　结　吴宁辉　张国荣

粤菜烹饪基础工艺实训

主　编　张　江

U0241811

北京·旅游教育出版社

编委会

主 任：董家彪

副主任：曾小力　张　江

委 员（按姓氏笔画排序）：

王　娟（企业专家）　王　薇　邓　敏

杨　结（企业专家）　李斌海　吴宁辉

余德禄（教育专家）　张　江　张立瑜

张璆晔　张国荣　陈　烨　董家彪

曾小力

总　序

　　在现代教育中,中等职业学校承担实现"两个转变"的重大社会责任:一是将受家庭、社会呵护的不谙世事的稚气少年转变成灵魂高尚、个性完善的独立的人;二是将原本依赖于父母的孩子转变为有较好的文化基础、较好的专业技能并凭借它服务于社会、能独立承担社会义务的自立的职业者。要完成上述使命,除好的老师、好的设备外,一套适应学生成长的好的系列教材是至关重要的。

　　什么样的教材才算好的教材呢? 我的理解有三点:一是体现中职教育培养目标。中职教育是国民教育序列的一部分。教育伴随着人的一生,一个人终身学习能力的大小,往往取决于中学阶段的基础是否坚实。我们要防止一种偏向:以狭隘的岗位技能培养代替对学生的文化培养与人文关怀。我们提出"立德尚能,素质竞争",正是对这种培养目标的一种指向。素质与技能的关系就好比是水箱里的水与阀门的关系。只有水箱里储满了水,打开阀门水才会源源不断。因此,教材要体现开发学生心智、培养学生学习能力、提升学生综合素质的理念。二是鲜明的职业特色。学生从初中毕业进入中职,对未来从事的职业认识还是懵懂和盲从的。要让学生对职业从认知到认同,从接受到享受到贯通,从生手到熟手到能手,教材作为学习的载体应该充分为这些目标服务。三是符合职业教育教学规律。理实一体化、做中学、学中做、模块化教学、项目教学、情境教学、顶岗实践等,教材应适应这些现代职教理念和教学方式。

　　基于此,我们依托"广东旅游职教集团"的丰富资源,成立了由教育专家、企业专家和教学实践专家组成的编撰委员会。该委员会在指导高星级饭店运营与管理、旅游服务与管理、旅游外语、中餐烹饪与营养膳食等专业创建全国示范专业的过程中,按照新的行业标准与发展趋势,依据旅游职业教育教学规律,共同制定了新的人才培养方案和课程标准,并在此基础上协同编撰了这套系列创新教材。该系列教材力争在教学方式与教学内容方面有重大创新,突出以学生为本,以职业标准为本,教、学、做密切结合的全新教材观,真正体现工学结合、校企深度合作的职教新理念、新方法。

　　在此次教材编撰过程中,我们参考了大量文献、专著,均在书后加以标注,同时我们得到了旅游教育出版社、南沙大酒店总经理杨结、岭南印象园副总经理王娟以及广东省职教学会教学工作委员会主任余德禄教授等旅游企业专家、行业专家的大力支持。在此一并表示感谢!

2013 年 8 月于广州

前　言

"民以食为天"。随着我国经济社会的发展和人民生活水平的日益提高，餐饮行业也在蓬勃发展。与此相应的是各旅游院校烹饪专业也在快速发展，为行业提供大量的初、中级技术人才。烹饪专业具有操作技术性强的特点，因此如何培养出符合行业实际需要的实用型人才，是职业学校共同面对的问题。为了适应现代职业教育的发展和行业对烹饪人才的新要求，借创建国家示范性学校和烹饪专业教学改革之机，编者以粤菜烹饪专业《原料加工技术》和《烹调技术》两门核心专业教材为依托，编写了这本《粤菜烹饪基础工艺实训》教材，作为烹饪专业实训的配套教材。本书具有以下特点：

● 本书立足于现代职业学校"工作任务驱动法"的教学模式改革，以粤菜烹调岗位要求为导向，以能力本位为出发点，强调理论与实践融合，内容力求涵盖国家有关职业标准及中式烹调师职业技能鉴定考试的相关内容。教材针对本专业学生需要掌握的知识点和技能点统一设计实训内容，力求做到规范实训教学，统一人才培养规格。

● 本书有效地弥补了原有教材技术理论与操作不同步的缺陷，既有简明扼要、针对性强的技术理论，也有详细的实训过程安排。在对每一个操作实训内容进行设计时，都是按照先介绍技术原理和相关理论，再列出工艺流程和操作要领，然后进行实训操作的顺序安排。这种内容安排既符合学生学习的规律，对于实践教学也起到较好的辅助作用。

● 烹饪技术实训需要消耗大量的原材料，所以教学必然受到经费的制约。为此，本教材所选取的实训案例既有教学代表性又相对经济，比较符合实际，能够保证实训的落实。教材分为两个单元八个实训模块，每个模块又包括若干个实训项目，便于任课教师根据需要灵活选用。

● 粤菜具有浓厚的地方特色和丰富的烹饪理论，本教材在吸收了粤菜烹饪理论新成果的基础上，对每一个观点和每一种表述都经过斟酌推敲，力求准确严谨。

● 本书附有较多的案例图片，尤其是每个烹调法品种都有菜式样本照片，方便读者了解菜品的外观。

本书既可作为职业学校烹饪专业的实训配套教材，也可作为厨师岗位培训用书和餐饮从业人员、烹饪爱好者的自学用书。在制作本书插图相关品种的过程中得到了广东省旅游职业技术学校烹饪高级技师陈少勇、邝永泉的大力协助，在此表示感谢。

由于时间紧促，编者水平有限，书中难免存在不足之处，敬请读者指正。

编者

2014 年 3 月于广州

目 录

第一单元 原料加工技术实训

第二单元　烹调技术实训

第一单元
原料加工技术实训

模块一　砧板基本功实训

一、刀具保养

【实训项目】

刀具保养与磨刀

【实训目的】

1. 了解刀的种类、用途和保养知识。

2. 掌握磨刀的方法和刀锋的鉴别。

【技术理论与原理】

1. 烹调使用的刀具有很多种,除一些特殊刀具以外,大多数常用刀具外形是相似的,按用途具体可分为以下几种:

(1) 桑刀(习惯称之为菜刀):根据刀的长短,桑刀分为一号、二号、三号等几种规格,一般重量在 500 克以下,薄而轻巧,刀刃锋利,钢质纯硬,主要用于加工精细而不带骨的肉类和植物原料。

(2) 片刀:重约 500 克,轻而薄,刀刃锋利,钢质纯硬。主要用于切或片精细的原料,如鸡丝、火腿片、肉片等,但不可切带骨的或硬的原料,以免碰伤刀口。

(3) 文武刀:重约 750 克,前部近于片刀,后部近于斩刀,刀口一边平直一边斜,适用范围较广,前面可以切精细的原料,后面可以斩带骨的原料,但只能斩小骨,如鸡、鸭骨,不能斩较大的硬骨。

(4) 骨刀(斩刀):重约 1000 克,背厚,刀口呈三角形,刀体厚重,专门用于砍带骨的或质地坚硬的材料。

2. 选择刀具的主要参考标准为:表面光滑,刀刃锋利,使用舒适,使用安全。

3. 刀具用后保养的一般方法:

(1) 用刀后必须用干净手布揩干刀身两面的水分,特别是带有咸味或黏性的原料,如咸菜、藕、菱角等,切后黏附在刀面的鞣酸容易氧化使刀面发黑,所以用后要用水洗净揩干。

（2）要注意刀具手柄部分洁净，最好是用牙签清理污垢并用热水溶掉不易清理的污渍，充分保持手柄摩擦力才能保证使用安全。

（3）刀使用后放在刀架上，刀刃不可碰在硬的东西上避免碰伤刀口。

（4）在潮湿环境下，刀用完后最好在刀口涂上一层植物油，以防生锈被腐蚀，影响使用。

4. 磨刀：

为使刀刃锋利，必须经常磨刀，通过刀刃和磨刀石之间的反复摩擦，使刀刃锋利程度达到加工原料的要求。要使刀锋符合实际要求，不仅要有质地较好的磨刀石，而且要采用正确的磨刀姿势和方法。

（1）磨刀的工具：

磨刀的工具是磨刀石。磨刀石有粗磨刀石、细磨刀石和油石三种。粗磨刀石的质地松而粗，多用于磨出锋口。细磨刀石的质地坚实而细，容易磨出刀刃，使刀刃锋利。油石是一种天然矿物经烧结而成物，根据制品的粒度可分为不同粗细程度的磨石，一般是双面组合。一般情况下，文武力、骨刀要在粗磨刀石上磨，磨出锋口后，再在细磨刀石上磨。桑刀、片刀只能在油磨刀石上磨。

（2）磨刀的要领：

① 站好姿势。

② 刀要淋水、刀石要浸湿透；磨刀过程中也要视情况淋水。

③ 磨刀时刀刃应推过磨刀间 1/2。

④ 磨刀时刀刃紧贴刀石并保持一定的角度。

⑤ 磨刀时用力要均匀，并保持一定的节奏，刀两面磨擦的次数基本相同。

⑥ 有缺口的刀，应先在粗磨刀石上磨，把缺口磨平出锋后，再拿到细磨刀石磨。

（3）刀锋的检验：

一种方法是将刀刃朝上，两眼直视刀刃，如果刀刃上看不到白色光泽，就表明已经很锋利；如果有白痕，就表明刀有不锋利之处。另一种方法是用大拇指在刀刃上横向轻轻拉一拉，如果指纹上有毛拉的感觉，则表明刀刃锋利；如果感觉光滑，则表明刀刃还不够锋利，仍需继续磨。

【实训方法】

1. 工艺流程：

准备工作→站立→磨刀→鉴别。

2. 操作过程及方法：

（1）将磨刀石放在磨刀架上，如果没有磨刀架，可在磨刀石下面垫一块布，以防止磨刀石滑动。磨刀石要用水浸透，磨刀前准备一盆清水备用。

（2）两脚分开或一前一后站定，胸部稍微向前，右手执刀，刀刃向外，左手要按得重一些，以防刀脱手对人造成伤害。

（3）文武刀、骨刀用粗石磨,刀背略翘起 5 度左右;桑刀、片刀用油石磨,刀背略翘起 8 度左右。

（4）磨刀时用力要均匀,刀的正反面和前、中、后各部位都要轮流磨匀滑。

（5）磨刀后鉴别刀刃是否锋利,如果还不够锋利则需继续打磨,直至刀刃锋利为止。

（6）最后将磨好的刀用清水洗净再用布擦干,放入刀箱保管。

【实训组织】

1. 老师演示(操作示范:介绍刀的种类、磨刀)。

2. 学生实训(磨刀,单独操作)。

3. 老师点评(小结,评分)。

【实训准备】

1. 实训工具:

刀具、抹布、磨刀石、刀箱。

2. 实训材料:

清水。

【作业与思考】

1. 常用刀具有哪些种类,各有什么用途?

2. 磨刀石有哪些种类,各有什么用途?

3. 磨刀的技术要领是什么?

学生实训评价表　　　　　　　　　　年　　月　　日

班别		姓名		学号	
实训项目	磨刀训练		老师评语		
评价内容	配分	实际得分			
磨刀姿势	30				
磨刀方法	30				
锋利程度	40				
总分			老师签名:		

桑刀

片刀

文武刀

骨刀

磨刀的方法

刀锋的检验

二、持刀操作

【实训项目】

持刀操作

【实训目的】

1.了解砧板的作用。

2.掌握持刀的基本操作姿势。

【技术理论与原理】

1.砧板是对原料进行刀工操作的衬垫工具,主要作用有:

（1）使食物清洁:在砧板上切配原料,能使食品保持清洁卫生。应将切生料与切熟料的砧板分开,以防细菌的传染。在切料时要注意将不同性质的原料分开切。一种原料切好后,须用刀铲除砧板上留下的各种污秽汁液,用干净手布揩干净后再切其他原料。

（2）使原料整齐均匀:用合格的砧板容易将原料切得整齐均匀,并且使操作更加便利。整个砧板应均匀使用,如出现凹凸不平时,应随时修整刨平。

（3）对刀起保护作用:砧板的木质是直丝缕,刀刃不易钝。

2.刀的放置要有固定的位置,要经常注意保持砧板、工作台及其四周的清洁卫生。对加工生料和熟料的刀具设备需要分开放置,不能混用。

3.持刀操作既是一项细致的技能,也是一种耐力劳动。从事刀工(砧板)工作不仅要练就精湛的刀法技艺,而且要注重卫生、安全、体能、协调性等方面。具体要求是:

（1）在平时要注意身体锻炼,才能使臂力和腕力有较好的持久力。

（2）要有正确的基本操作姿势。

（3）在操作时要集中精神,注意安全。

（4）要掌握和熟练运用各种刀法。

（5）要注意清洁卫生。

【实训方法】

1.工艺流程:

准备工作→站立→握刀→切料。

2.操作过程及方法:

（1）站立姿势:

操作时,两脚自然地分立站稳,上身略倾向前,前胸稍挺,不要弯腰曲背,目光注视两手操作部位,身体与砧板保持一定的距离。

（2）握刀姿势：

一般以右手握刀,握刀部位要适中,大多以右手大拇指与食指夹着刀身,其余三指和手掌用力紧紧握住刀柄,握刀时手腕要灵活而有力。一般操作时主要运用腕力。

（3）操作姿势：

① 一般以左手稳定物料,要根据物料性质的不同特点采用不同的力道手法,不能千篇一律。

② 左手稳住物料移动的距离和移动的快慢,必须配合右手落刀的快慢,两手要紧密而有节奏的配合。

③ 切物料时左手要呈弯曲状,手掌后端要与原料略平行,利用中指第一关节抵住刀身,使刀有目标地切下,刀刃不能高于关节,否则容易将手指切伤。

④ 下刀时分寸要把握准,刀口不要偏里向外,保持刀身垂直。

【实训组织】

1. 老师演示（操作示范,操刀实训）。

2. 学生实训（操刀实训,单独操作）。

3. 老师点评（小结,评分）。

【实训准备】

1. 实训工具：

刀具、砧板、抹布、码碗。

2. 实训材料：

清水、萝卜、旧报纸。

【作业与思考】

1. 砧板的作用是什么?

2. 从事砧板工作要注意哪些方面?

3. 刀工的基本姿势有哪些具体内容?

学生实训评价表　　　　　　　　　年　　月　　日

班别		姓名		学号	
实训项目		操刀训练		老师评语	
评价内容	配分	实际得分			
站立姿势	30				
握刀姿势	30				
操作姿势	40				
总分			老师签名：		

刀工姿势

持刀

模块二　刀工实训

一、直刀法

直刀法是指在操作时刀身与砧板平面成直角,并向砧板平面作垂直运动的一种运刀方法。直刀法操作灵活,简便快捷,适用范围广。由于原料性质和加工形态要求的不同,直刀法又可分为切、剁、斩、劈等几种方法。

【实训项目1】

切三丝三片

【实训目的】

1. 初步掌握"直刀法——切法——直切"的刀工技术。
2. 掌握原料加工成型的基本规格。
3. 掌握"三丝三片"的加工方法。

【技术理论与原理】

1. 切法:这里介绍的是用左手按稳原料,右手持刀近距离从原料上部向原料底部垂直运动的一种直刀法。一般适用于加工植物性和动物性无骨的原料。这种直刀法又可分为直切、推切、拉切、推拉切几种。

2. 直切:是运刀方向直上直下,着力点布满刀刃,前后力量一致的切法,适用于脆性的植物原料,如笋、冬瓜、萝卜、土豆等。

3. 直切的操作要领:

(1)持刀稳、手腕灵活、运用腕力,稍带动小臂。做到稳、好、快,循序渐进。

(2)按稳所切原料,两手必须密切配合。

(3)所切的原料不能堆叠太高或切得过长。如原料体积过大,应放慢运刀速度。

4. "三丝三片"是指"粗、中、细"三种丝的形状和"厚、中、薄"三种片的形状。"三丝三片"是原料加工成型的基本参照规格,也是刀工技术的基本功之一。

(1)三丝加工成型的规格为:

粗丝:7厘米×0.4厘米×0.4厘米。

中丝:6厘米×0.3厘米×0.3厘米。

10

细丝:7 厘米 ×0.2 厘米 ×0.2 厘米。

（2）三片加工成型的规格为:

厚片:4 厘米 ×2 厘米 ×0.6 厘米。

中片:4 厘米 ×2 厘米 ×0.3 厘米。

薄片:4 厘米 ×2 厘米 ×0.2 厘米。

【实训方法】

操作过程及方法:

1.切丝:先把原料按不同长度规格开好料,然后按不同规格切成片,最后再按规格切成丝。

2.切片:先把原料按不同规格切成长方块,然后再按不同规格切成片。

【实训组织】

1.老师演示(操作示范:切三丝三片)。

2.学生实训(切三丝三片,单独操作)。

3.老师点评(小结,评分)。

【实训准备】

1.实训工具:

刀具、砧板、刨刀、码碟。

2.实训材料(每人):

萝卜、冬瓜。

【作业与思考】

1.直切有什么技术要领?

2.切丝有多少种切法?

3.三丝三片的规格是什么?

学生实训评价表　　　　　　年　　月　　日

班别		姓名		学号	
实训项目	切三丝三片		老师评语		
评价内容	配分	得分			
成型规格	70				
成品率	20				
卫生状况	10				
总分			老师签名:		

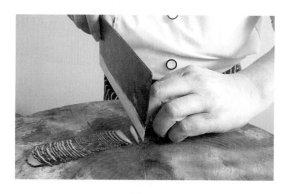

直切

三丝三片

【实训项目2】

切丁粒料

【实训目的】

1. 进一步掌握"直刀法——切法——直切"的刀工技术。
2. 掌握原料加工成型的基本规格。
3. 掌握"丁"和"粒"的加工成型方法。

【技术理论与原理】

1. 丁是用刀直切成角度均匀、大小相等的正方体形状。丁的成形一般是先将原料切或片成厚片,再将厚片切成条,然后把条再切成丁。

2. 丁的大小取决于条的粗细,条的粗细取决于片的厚薄。

3. 丁的规格一般有两种,一种是方丁,每颗约1立方厘米;另一种叫"榄丁",是切成菱形的。一些体积较大的植物原料都切成菱形丁,动物原料和体积较小的原料才切成方丁。

4. 粒的成形加工方法与丁相同,体积约是丁的二分之一。

【实训方法】

操作过程及方法:

1. 方丁:先把原料切成1厘米厚的块,再切成1厘米宽的条,然后把条子横向摆放,每隔1厘米下刀直切成丁。

2. 榄丁:先把原料切成1厘米厚的块,再切成1厘米宽的条,然后把条子横向摆放,把刀身与原料形成约60度的角,然后每隔1厘米下刀切成菱形丁。

3. 粒的成型加工方法与丁相同,体积根据原料不同可以为0.5~0.8立方厘米。

【实训组织】

1. 老师演示(操作示范:切丁粒料)。
2. 学生实训(切丁粒料,单独操作)。
3. 老师点评(小结,评分)。

【实训准备】

1. 实训工具:

刀具、砧板、刨刀、码碟。

2. 实训材料(每人):

萝卜、冬瓜。

【作业与思考】

1. 丁与粒有何区别?
2. 菱形榄丁有几种切法?

丁粒料

【实训项目3】

切牛肉

【实训目的】

1. 初步掌握"直刀法——切法——推切"的刀工技术。
2. 了解动物性原料的切法。
3. 掌握"牛肉片"的加工成型方法。

【技术理论与原理】

1. 原料成形规格中的"片"是指面宽而薄的形状。一般有两种成形的方法,一种是切法,适用范围较广,特别是韧性、脆性和细嫩的原料。第二种是片法,适用于一些质地较松软的

原料,直切不易切整齐,或者原料本身形状较为扁薄,无法直切的,可将原料片成片状。不论哪种方法,都先要将原料的皮、瓤、筋、骨除去干净,改切成所需规格边长的坯形后,再行切片。

2.推切:是指刀的着力点在中后端,运刀方向由刀身的后上方向前下方推进的切法。推切适合于加工具有细嫩纤维和略有韧性的原料,如猪肉、牛肉、肝、腰等。

3.推切的操作要领:

（1）持刀要稳,靠小臂和手腕用力。从刀前部分推到刀后部分时,刀刃才完全与砧板吻合,一刀到底,一刀断料。

（2）推切时对一些质嫩的原料如肝、腰等下刀宜轻;对一些韧性较强的原料如猪肚、牛肉等,运刀要有力。

（3）推切时进刀要轻柔有力,下切刚劲,断刀干脆利落,刀前端开片,后端断料。

4.牛肉片的规格是:5 厘米×3 厘米×0.2 厘米。

【实训方法】

操作过程及方法:

先把牛肉筋膜去掉,然后顺纹切成截面边长为 5 厘米×3 厘米的条子,再把牛肉横纹推切成0.2 厘米厚的片即可。

【实训组织】

1.老师演示(操作示范:切牛肉)。

2.学生实训(切牛肉,单独操作)。

3.老师点评(小结,评分)。

【实训准备】

1.实训工具:

刀、砧板、码碟。

2.实训材料(每人):

牛肉。

【作业与思考】

1.推切有何技术要领?

2.牛肉为何要横纹切片?

3.推切和直切有何区别?

【实训项目4】

切肉丝

【实训目的】

1.了解"直刀法——切法——拉切"的刀工技术。

2. 进一步熟悉动物性原料的切法。

3. 掌握"肉丝"的加工成型方法。

【技术理论与原理】

1. "拉切"又称"拖刀切",指刀的着力点在前端,运刀方向由前上方向后下方拖拉的切法。拉切适用于体积薄小、质地细嫩并易碎裂的原料,如鸡脯肉、猪瘦肉等。

2. 原料加工前要将筋膜、骨头除去干净,改切成所需规格长度的片后,竖纹成阶梯形叠放在一起,然后再根据粗细要求拉切成丝。

3. 拉切的操作要领:

进刀时轻轻向前推切一下,再顺势向后下方一拉到底,即所谓"虚推实拉",便于原料断纤成形,或先用前端微剁后再向后方拉切,其断料的效果相同。

4. 切肉丝以猪的里脊肉为好,肉丝的规格是:

粗丝 7 厘米 ×0.4 厘米 ×0.4 厘米。

中丝 6 厘米 ×0.3 厘米 ×0.3 厘米。

细丝 7 厘米 ×0.2 厘米 ×0.2 厘米。

【实训方法】

操作过程及方法:

把里脊肉按规格要求的长度切断,再顺纹按规格粗细要求切成片,把切好的片按纹路一致以阶梯形状叠好,然后按规格要求顺纹切成丝。

【实训组织】

1. 老师演示(操作示范:切肉丝)。

2. 学生实训(切肉丝,单独操作)。

3. 老师点评(小结,评分)。

【实训准备】

1. 实训工具:

刀、砧板、码碟。

2. 实训材料(每人):

里脊肉。

【作业与思考】

1. 推切和拉切的区别在哪里?

2. 肉丝为何要顺纹切?

班别			姓名		学号	
实训项目	切肉丝			老师评语		
评价内容	配分	得分				
成型规格	70					
成品率	20					
卫生状况	10					
总分				老师签名：		

切肉丝

【实训项目5】

剁肉蓉

【实训目的】

1. 初步掌握"直刀法——剁法"的刀工技术。

2. 掌握"剁肉蓉"的加工方法和操作要领。

【技术理论与原理】

1. 剁法：是指刀身垂直向下、频率较快地斩碎或敲打原料的一种直刀法。剁可分为刀口剁和刀背剁两种。剁法适用于无骨韧性的原料，可将原料制成蓉或末状，如肉蓉、鱼蓉、虾胶等。

2. 剁法的操作要领：

（1）为了提高工作效率，剁时通常左右手持刀同时操作，两手之间要保持一定的距离。

（2）刀与原料呈垂直线,提刀不宜过高。运用腕力,力度以刚好断开原料为准,避免刀刃嵌入砧板。

（3）两手有节奏地匀速运力,同时左右上下来回移动,并酌情翻动原料。

（4）原料在剁之前最好先切成片、条、粒或小块然后再剁,这样易均匀,不粘连,能提高效率。

【实训方法】

操作过程及方法:

把猪肉洗净,按片、丝、粒的顺序切好,然后剁成蓉泥状即可。

【实训组织】

1.老师演示(操作示范:剁肉蓉)。

2.学生实训(剁肉蓉,单独操作)。

3.老师点评(小结,评分)。

【实训准备】

1.实训工具:

刀、砧板、码碟。

2.实训材料(每人):

猪肉。

【作业与思考】

1.刀口剁和刀背剁有何区别?

2.剁要注意哪些技术要领?

剁肉蓉

【实训项目6】

斩排骨

【实训目的】

1. 初步掌握"直刀法——斩法"的刀工技术。

2. 掌握"斩排骨"的加工方法和操作要领。

【技术理论与原理】

1. 斩法:是指从原料上方垂直向下猛力运刀断开原料的直刀法。根据运刀力量的大小和举刀的高度,分为直斩、拍斩和劈三种。

2. 直斩:是指一刀斩下直接断料的刀法。适用于带骨但骨质并不十分坚硬的原料,如鸡、鸭、鱼、排骨等。直斩的操作要领是以小臂用力,提刀高度约与胸口平齐。运刀时看准位置,落刀敏捷、利落,要一刀两断,保证大小均匀。斩的力量以能一刀两断为准,不能复刀,复刀容易产生一些碎肉、碎骨,影响原料形状的整齐美观。

3. 拍斩:是指将刀放在原料所需要斩断的部位上,右手握住刀柄,左手高举,在刀背上用力拍下去,将原料斩断的一种刀法。拍斩一般适用于圆形、体小而滑的原料,如鸡头、鸭头、板栗等。因为原料较滑,原料需要落刀的部位就不易控制,所以要把刀固定在落刀线上面以手用力拍刀使原料斩断。

4. 劈斩:是指对于粗大或坚硬的骨头,将刀高举过头对准原料要劈的部位用力向下直劈的刀法。如劈猪头、大骨、火腿等。劈时下刀要准,速度要快,力量要大,以一刀劈断为好,如需复刀必须劈在同一刀口处。按原料的手应离落刀点有一定距离,以防伤手。

5. 凡斩有骨的原料时,肉多骨少的一面在上,骨多肉少的一面在下,使带骨部分与砧板接触,这样不但容易断料,同时又能避免将肉砸烂。

【实训方法】

操作过程及方法:

先把排骨顺肋骨切开,再把排骨斩成件即可。

【实训组织】

1. 老师演示(操作示范:斩排骨)。

2. 学生实训(斩排骨,单独操作)。

3. 老师点评(小结,评分)。

【实训准备】

1. 实训工具:

刀、砧板、码碟。

2.实训材料(每人):
排骨。

【作业与思考】

1.斩和剁有何区别?

2.斩有哪几种方法?

斩排骨

二、平刀法

平刀法是指运刀时刀身与砧板基本上呈平行状态的刀法。平刀法能加工出件大形薄且厚薄均匀的片状物料,适用于无骨的韧性原料、软性原料和脆性植物原料。平刀法又分为平片法、推片法、拉片法、推拉片法、滚料片法等五种。

【实训项目1】

片萝卜片

【实训目的】

1.了解"平刀法"的刀工技术。

2.以片萝卜片为例初步掌握植物原料的片切方法。

【技术理论与原理】

1."推片法"是指将原料平放在砧板上,刀身与砧板面平行,刀刃前端从原料的右下角平行进刀,然后朝刀刃方向移动并向前推进片断原料的刀法。推片法适用于较脆嫩的植物性原料,如萝卜、土豆、冬笋、榨菜等。

2. 推片法的操作要领:

（1）持刀稳,刀身始终与原料平行,推刀果断有力,一刀断料。

（2）左手手指平按在原料上,力度适当,既能固定原料又不影响推片时刀的运行。按料的食指与中指应分开一些,以便观察原料的厚薄是否符合要求。

（3）推片时刀的后端略略提高,着力点在刀刃的后端,由后向前(由里向外)片出去。

3. 某些原料需要切成细丝或者银针丝(如笋丝、土豆丝、豆腐丝等)的时候,用切的方法较难开出薄片来切丝,一般就用片的方法来片出薄片,然后再切成丝。

【实训方法】

操作过程及方法:

把萝卜削皮,按切细丝的规格要求先切成块状,然后将萝卜平放在砧板上用推片的刀法片出萝卜片。

【实训组织】

1. 老师演示(操作示范:片萝卜片)。

2. 学生实训(片萝卜片,单独操作)。

3. 老师点评(小结,评分)。

【实训准备】

1. 实训工具:

刀、砧板、刨刀、码碟。

2. 实训材料(每人):

萝卜。

【作业与思考】

1. 平刀法分几种?

2. 推片有什么技术要领?

学生实训评价表　　　　　　　年　　月　　日

班别		姓名		学号	
实训项目1		片萝卜片		老师评语	
评价内容	配分	得分			
成型规格	70				
成品率	20				
卫生状况	10				
总分				老师签名:	

片萝卜

【实训项目2】

片瘦肉片

【实训目的】

1. 进一步认识"平刀法"的刀工技术。

2. 初步掌握动物原料的片切方法。

【技术理论与原理】

1. "拉片法"是指将原料平放在砧板上，刀身与砧板面平行，刀刃后端从原料的右上角平行进刀，然后朝刀刃方向移动并向下拉动片断原料的刀法。拉片法适用于较细嫩的动植物原料或脆性的植物原料，如猪腰、莴笋、蘑菇等。

2. "推拉片法"是推片法与拉片法合并使用的刀法。推拉片法适用于面积较大、韧性强、筋较多的原料，如牛肉、猪肉等。

3. 推拉片法的操作要领：

（1）推时着力点在刀刃的后端，由后向前（由里向外）推出去；拉时着力点在刀刃的前端，由前向后（由外向里）拉下来。

（2）由于推拉刀片要在原料上一推一拉反复几次，起刀时要更加平稳，刀始终要与原料平行，随着刀的片进，改左手为左掌心按稳原料。

【实训方法】

操作过程及方法：

把猪肉改切成5厘米×3厘米的块，然后片成约厚为0.15厘米的片。

【实训组织】

1. 老师演示（操作示范：片瘦肉片）。

2. 学生实训(片瘦肉片,单独操作)。

3. 老师点评(小结,评分)。

【实训准备】

1. 实训工具:

刀、砧板、码碟。

2. 实训材料(每人):

瘦猪肉。

【作业与思考】

1. 平刀法和直刀法的区别在哪里?

2. 推拉片时从上片起和从下片起各有什么利弊?

片肉片

三、斜刀法

斜刀法是刀身与砧板平面呈斜角的一类刀法,它能使形薄的原料成形时增大表面或美化原料形状。按运刀的不同手法,又分为正斜刀法和反斜刀法两种。

【实训项目1】

切鸡肉片

【实训目的】

1. 初步了解"斜刀法"的刀工技术。

2. 进一步掌握动物原料的加工方法。

【技术理论与原理】

1."正斜刀法"又称左斜刀、内斜刀,是指刀背向右,刀口向左,刀身与砧板面呈锐角并保持角度斜拉切断料的刀法。正斜刀法适用于质软、性韧、体薄的原料,可将原料切成斜形、略厚的片或块,如鸡肉、鱼肉、猪腰等。

2.正斜刀法的操作要领:

(1)把原料放在砧板上,使其不致移动,左手按于原料被切下的部位上,与右手运动有节奏地配合,一刀一刀切下去。

(2)对片的厚薄、大小及斜度的掌握,主要依靠目光注视两手的动作和落刀的部位,右手稳稳地控制刀的斜度和方向,随时纠正运刀中的误差。

(3)运用腕力,进刀轻推,保持角度朝从上而下拉切断料。

【实训方法】

操作过程及方法:

把鸡胸肉改成约5厘米宽的块状横放在砧板,然后用正斜刀切成约3厘米宽、0.15厘米厚的片。

【实训组织】

1.老师演示(操作示范:切鸡肉片)。

2.学生实训(切鸡肉片,单独操作)。

3.老师点评(小结,评分)。

【实训准备】

1.实训工具:

刀、砧板、码碟。

2.实训材料(每人):

鸡胸肉。

【作业与思考】

1.斜刀法分几种?

2.正斜刀有什么技术要领?

学生实训评价表　　　　　　　年　　　月　　　日

班别		姓名		学号	
实训项目1		切鸡肉片	老师评语		
评价内容	配分	得分			
成型规格	70				
成品率	20				
卫生状况	10				
总分			老师签名：		

【实训项目2】

切青瓜片

【实训目的】

1.进一步了解"斜刀法"的刀工技术。

2.继续掌握植物原料的加工方法。

【技术理论与原理】

1."反斜刀法"又称"右斜刀""外斜刀",是指刀背向左,刀口向右,放平刀身略呈偏斜,刀片进原料后由里向外运动的刀法。反斜刀法适用于脆性的植物原料和体薄、面大的动物原料,如青瓜、黄芽白、鱿鱼等。

2.反斜刀法的操作要领:

(1)左手呈蟹爬形按稳原料,以中指抵住刀身,右手持刀,使刀身紧贴左手指背,刀口向外,刀背向内,逐刀向外下方推切;左手则有规律地配合向后移动,每一移动应掌握同等的距离,使切下的原料在形状、厚薄上均匀一致。

(2)运刀时,手指随运刀的角度变化而抬高或放低。运刀角度的大小,应根据所片原料的厚度和对原料成形的要求而定。

(3)提刀时,刀口不能超过左手中指的第一关节,否则容易切伤手指。

【实训方法】

操作过程及方法:

把青瓜剖开四边,片去瓤,再斜刀切成厚约0.4厘米的片。

【实训组织】

1.老师演示(操作示范:切青瓜片)。

2.学生实训(切青瓜片,单独操作)。

3.老师点评(小结,评分)。

【实训准备】

1.实训工具:

刀、砧板、码碟。

2.实训材料(每人):

青瓜。

【作业与思考】

1.反斜刀有什么技术要领?

2.正斜刀与反斜刀各有什么特点?

右(外)斜刀

左(内)斜刀

四、弯刀法

弯刀法是运刀时,刀身与砧板平面之间的夹角不断变化的刀法。弯刀法能切出弧形表面,主要用于对原料的修改及美化原料形状。如改胡萝卜花、笋花、姜花、松花蛋、鲍鱼片等。弯刀法又可分为顺弯刀法和抖刀法两种。

【实训项目】

改胡萝卜平面花

【实训目的】

1.初步了解"弯刀法"的刀工技术。

2.掌握几种常用平面花的加工方法。

【技术理论与原理】

1. 平面花是使用菜刀把原料的横截面修改成各种图案的坯型,切片后成为象形花式原料片的加工成形方法。平面花一般用于料头造型和原料的美化。加工平面花常用的原料有胡萝卜、笋、姜等。常见的平面花图案有花、鸟、虫、鱼、秋叶等。

2. "顺弯刀法"是指运刀时刀口从原料的右上方向左下方呈弧线运动的刀法。顺弯刀法主要适用于改切各种花式的坯型。顺弯刀法的操作要领是:

(1) 下刀前对原料的图形要做到心中有数,使进刀准确,成型美观。

(2) 根据形状的需要,运刀时,刀身可能有平刀、斜刀和直刀的变化,也可能只有不同角度的斜刀运刀的变化。无论弧线形状要求如何,刀身的变化都要平缓,以便使刀路圆滑。

3. "抖刀法"是与直片法基本相似的一种刀法,不同的是片进后,要上下抖动,刀口呈波浪形前进,使切面呈现锯齿状花纹。抖刀法一般用于美化原料形状,适合软性的原料,如猪腰、松花蛋、鲍鱼片等。抖刀法的操作要领是:

(1) 放平刀身,左手按稳原料,右手握刀,片进原料后,从右向左移动,移动时上下抖动。

(2) 抖动时注意用力均匀、有规律,出料厚薄一致。

【实训方法】

操作过程及方法:

1. 秋叶:

取胡萝卜一段,刨皮后改切成叶子坯型,刻出叶边齿状,再改出叶柄,最后切成厚0.15厘米的片。

2. 蝴蝶:

取胡萝卜一段,刨皮后改切成等腰梯形,先改切出蝴蝶的头部,再改出翅膀和尾部,最后切成厚0.15厘米的片。

3. 和平鸽:

取胡萝卜一段,刨皮后开边,先改出鸟头,再改出鸟的翅膀、羽毛、尾巴,最后切成厚0.15厘米的片。

【实训组织】

1. 老师演示(操作示范:改平面花)。

2. 学生实训(改平面花,单独操作)。

3. 老师点评(小结,评分)。

【实训准备】

1. 实训工具:

刀、砧板、刨刀、码碟。

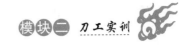

2.实训材料(每人):

胡萝卜。

【作业与思考】

1.弯刀法的种类和特点有哪些?

2.改平面花用到哪些刀法?

3.改平面花要注意哪些技术要领?

学生实训评价表　　　　　　　　　年　　月　　日

班别		姓名		学号	
实训项目	改平面花		老师评语		
评价内容	配分	得分			
成型效果	70				
成品率	20				
完成时间	10				
总分			老师签名:		

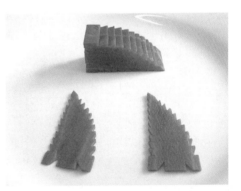

弯刀法与平面花

五、非标准刀法

非标准刀法是指在具体的生产操作实践中,根据原料的性质特点和各种需要,将标准刀法进行综合运用、灵活使用,从而出现多种多样的刀法变化,这些变化的刀法被称之为"非标准刀法"。常用的有剞、起、撬、刮、拍、削、剖、戳等一系列的刀法。

【实训项目1】

切菊花鱼

【实训目的】

1. 初步了解"非标准刀法——剞法"的刀工技术。
2. 掌握菊花鱼的加工方法。

【技术理论与原理】

1. "剞法"又称"花刀法",指在加工后的坯料上,以斜刀法、直刀法和弯刀法为基础进行片切,使其呈现不断、不穿的规则刀纹或将某些原料制成特定平面图案时所使用的综合运刀方法。

2. 剞法主要用于美化原料,是技术性更强、要求更高的综合刀法。在具体操作中,由于运刀方向和角度的不同,剞法又可分为直刀剞、推刀剞、斜刀剞、反刀斜剞、弯刀剞等五种方法。

3. 剞法适用于质地脆嫩或柔韧、收缩性大、形大体厚的动物性原料,如腰、肚、肾、鱿鱼、鱼肉等;以及将笋、姜、萝卜等脆性植物原料制成花、鸟、虫、鱼等各种平面图案。

4. 菊花鱼是将鱼肉用剞法改切后上粉油炸使其成熟并呈现出菊花形状的一款菜肴。菊花鱼要求刀深至皮而不断,花纹细长而不烂,花瓣整齐而均匀。

【实训方法】

操作过程及方法:

取带皮鲩鱼肉一条,在鱼肉上用斜直刀切刀距约0.6厘米的井字花纹,刀深至皮,不可切断切烂,然后切成三角形或方形的件。

【实训组织】

1. 老师演示(操作示范:切菊花鱼)。
2. 学生实训(切菊花鱼,单独操作)。
3. 老师点评(小结,评分)。

【实训准备】

1.实训工具：

刀、砧板、码碟。

2.实训材料（每人）：

鱿鱼肉 1 条。

【作业与思考】

1.剞法的特点和应用范围是什么？

2.切菊花鱼有何技术要领？

3.菊花鱼和松子鱼有何区别？

学生实训评价表　　　　　　年　　月　　日

班别		姓名		学号	
实训项目		切菊花鱼	老师评语		
评价内容	配分	得分			
刀法效果	50				
成型规格	40				
卫生状况	10				
总分			老师签名：		

【实训项目2】

切麦穗花鱿

【实训目的】

1.进一步掌握"非标准刀法——剞法"的刀工技术。

2.掌握鲜鱿鱼或发鱿鱼的刀工成形方法。

【技术理论与原理】

1.剞法的操作要领是：

（1）要根据成型规格要求不同,把几种剞法结合运用。

（2）不论哪种剞法,都要持刀稳、下刀准,每刀用力均衡,运刀倾斜角度一致,刀距均匀、整齐。

（3）剞时用力要恰当,避免切断原料或未达到深度,影响菜肴质量。运刀的深浅一般为原料厚度的二分之一或三分之二,少数韧性强的原料可达厚度的四分之三。

2. 鲜鱿鱼或涨发好的干鱿鱼经刀工处理后可以成为许多不同的形状, 较常见的是切成麦穗花形。

3. 在改切鲜鱿鱼和干鱿鱼时方法基本一致, 只是由于鲜鱿鱼肉厚而且收缩性比干鱿鱼要大, 所以在剞刻花纹时鲜鱿鱼的刀距要比干鱿鱼要大一些。

【实训方法】

操作过程及方法:

1. 把鲜鱿鱼或涨发好的干鱿鱼撕去外衣、去翼、去软骨, 然后把鱿鱼沿骨槽一分为二, 清洗干净。

2. 把有衣的一面朝下放在砧板上, 在鱿鱼身上由尾至头直刀切平行横纹, 刀距约 0.3 厘米(鲜鱿鱼为 0.6 厘米), 刀深约 4/5。

3. 把刀摆成与横纹呈 40 度左右的角度, 用反斜刀切菱形纹, 间隔和深度与直刀时一样。每当切到第六刀时将鱿鱼切断。如此类推, 直至把整片鱿鱼切完。

【实训组织】

1. 老师演示(操作示范:切麦穗花鱿)。

2. 学生实训(切麦穗花鱿, 单独操作)。

3. 老师点评(小结, 评分)。

【实训准备】

1. 实训工具:

刀、砧板、码碟。

2. 实训材料(每人):

发好的干鱿鱼或鲜鱿鱼 1 片。

【作业与思考】

1. 切麦穗花鱿有何技术要领?

2. 鱿鱼还能切成哪些形状?

【实训项目 3】||||

起生鱼

【实训目的】

1. 初步认识"非标准刀法——起法"的刀工技术。

2. 初步掌握鱼类的脱骨方法。

3. 掌握起生鱼的加工方法。

【技术理论与原理】

1. "起法"是指分解带骨原料,除骨取肉或对同一原料中不同组织分解时所使用的刀法。一般包括起肉和整料脱骨。适用于畜、禽、鱼类原料,如起生鱼、起全鸡等。

2. 使用起法操作时,下刀的刀路要准确,随原料部位不同分别运用刀尖、刀跟等刀的不同部位,尽量一刀到底不重复刀口,以保证取料完好。

3. 鱼类初步加工的基本方法一般有放血、打鳞、去鳃、取内脏、洗涤整理。其中取内脏的方法分为三种,分别是腹取法、背取法、鳃取法。起鱼肉可以原条直接起肉,也可以先取内脏再起肉。

4. 起生鱼时要先放血,再去鳞,然后直接起肉。

【实训方法】

操作过程及方法:

1. 将生鱼拍晕后立刻放血,用打鳞器刮去鱼鳞。

2. 把鱼放在砧板上,略刮去潺液,起出胸鳍和腹鳍。

3. 从脊鳍下刀切开,紧贴脊骨把鱼肉与脊骨分离,然后把鱼反转过来,把另外一边的鱼肉也和脊骨分离,最后把脊骨的头尾连接处斩断。

【实训组织】

1. 老师演示(操作示范:起生鱼)。

2. 学生实训(起生鱼,两人一组)。

3. 老师点评(小结,评分)。

【实训准备】

1. 实训工具:

刀、砧板、码碗、碟子。

2. 实训材料(每组):

生鱼 1 条。

【作业与思考】

1. 鱼肉一般有几种起法?

2. 起豉油王生鱼与起生鱼肉有何区别?

【实训项目 4】

起全鸡

【实训目的】

1. 进一步了解"非标准刀法——起法"的刀工技术。

2.初步掌握整料出骨和分档取料的技术要领。

3.掌握起全鸡的加工方法。

【技术理论与原理】

1.整料出骨就是根据烹调的要求,运用一定的刀工技法,将整只原料除净全部骨骼或主要骨骼,仍保持原料原有完整形态的工艺过程。

2.整料出骨的作用是:食用方便,易于成熟入味,形态美观,提高菜肴档次。

3.整料出骨的要求是:选料优良,初加工符合要求,下刀准确,不破损外皮。

4.起全鸡是整体出骨技术。家禽的形体结构相似,出骨方法也基本相同,例如起全鸭、起全鸽等。

5.起全鸡、全鸭、全鸽的刀工规格要求是:不穿孔,刀口不低于翼肩,不存留残骨,起肉干净。

【实训方法】

操作过程及方法:

1.划破颈皮,斩断颈骨。先在鸡的颈部两肩相夹处的鸡皮上,直割约8厘米长的刀口,从刀口处把颈皮扳开,剥出颈骨。在靠近鸡头处将颈骨斩断(注意不可切断颈皮),从割口中拉出整条颈骨。

2.出肩胛骨。从肩部的刀口处将鸡皮肉翻开,使鸡头朝下,再将左边翅膀一面,连皮带肉缓缓向下翻剥,剥至臂膀骨关节露出后,把肩胛关节上的筋割断,使翅膀骨与鸡身脱离。如法将右边的翅膀骨关节割断。

3.出躯干骨。把鸡竖放,将背部的皮肉外翻剥离至胸至脊背中部后,又将胸部的皮肉外翻剥离至胸骨露出。然后把鸡身皮肉一起外翻剥离至双侧腿骨处,用刀尖将双侧股骨(即大腿骨)的筋割断,分别将腿骨向背后部扳开,露出股骨关节,将筋割断,使两侧腿骨脱离鸡身。再继续向下翻剥,直剥至肛门处,把尾尖骨割断,鸡尾应连接在皮肉上(不要割破鸡尾上的皮肉)。这时鸡的躯干骨骼已与皮肉分离,随即将肛门上的直肠割断,洗净肛门处。

4.出四柱骨。起翼骨:将鸡翅的第一节臂骨顶起,在骨关节顶部用刀环切割断筋肉,然后抽出翼骨在接近下关节处斩断。翅膀的第二节骨可以不抽出。

起腿骨:将一侧大腿骨的皮肉翻下,使大腿骨(股骨)关节外露,用刀沿关节绕割一周断筋,抽出大腿骨至膝关节(膑骨)时割断。然后在近鸡足骨(腓)处绕割一周断筋,将小腿皮肉向下翻,抽出小腿骨(胫骨)斩断(不能在小腿骨与跖骨关节处斩断,易穿孔)。小腿骨也可以不抽出。

5.翻转鸡皮。鸡的骨骼出净后将鸡皮翻转,鸡皮朝外,鸡肉向内,斩去翼尖。

【实训组织】

1.老师演示(操作示范:起全鸡)。

2.学生实训(起全鸡,四人一组)。

3.老师点评(小结,评分)。

【实训准备】

1.实训工具:

刀、砧板、码碗、碟子、水盆。

2.实训材料(每组):

毛鸡1只。

【作业与思考】

1.整料出骨的意义和要求是什么?

2.起全鸡要注意哪些关键环节?

3.起全鸡的刀工规格要求是什么?

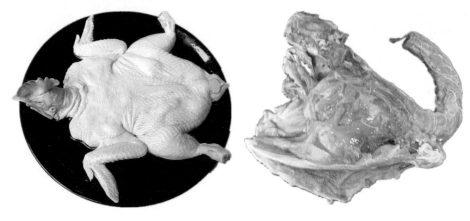

起全鸡

模块三 原料初加工实训

一、新鲜蔬菜初加工

（一）叶菜类初加工

【实训项目1】

剪菜远、郊菜、芥菜、择蕹菜（通菜、空心菜）

【实训目的】

1. 以菜心、芥菜、蕹菜为例掌握叶菜剪菜加工的基本方法。
2. 掌握不同蔬菜品种和不同用途的剪菜加工规格。
3. 识别叶菜的种类和品质。

【技术理论与原理】

1. 对叶菜进行剪菜加工处理是菜式定型、烹制、美观、卫生和便于食用的需要。
2. 在剪菜加工过程中要将老的、腐烂的和不能食用的部分清除干净，洗去虫卵、杂物和泥沙，注意清除残留的农药，使原料符合食品营养卫生原理。
3. 剪菜时要充分利用可食部分，防止不必要的损耗，提高净料率，符合餐饮成本核算的技术理论。
4. 蔬菜经剪菜加工处理后形成统一整齐的规格，使烹制后的菜肴协调美观，符合烹饪美学的原理。

【实训方法】

1. 工艺流程：

清洗→择去无用部位→按规格裁剪→合理放置保管。

2. 操作过程及方法：

（1）菜软（菜心）：用剪刀剪去黄花的尾端，在顶部顺叶柄斜剪出1~2段，每段长约7厘米。

（2）郊菜（菜心）：剪法同菜软，但只剪一段，长约12厘米。

（3）直剪菜（菜心）：按软菜剪法，将整棵菜心剪完。

（4）芥菜:按菜肴要求,将芥菜横切成规定长度的段。

（5）蕹菜:短小的去头后原棵使用,长的宜择成约7厘米的段,每段茎必须带叶。

【实训组织】

1. 老师演示(操作示范剪菜、择菜)。

2. 学生实训(剪菜、择菜,2人一组)。

3. 老师点评(小结,评分)。

【实训准备】

1. 实训工具:

刀具、砧板、剪刀、盆、盛具。

2. 实训材料(每组):

菜心250克、芥菜250克、蕹菜250克。

【作业与思考】

1. 菜心的不同剪菜规格各自适应什么用途?

2. 蔬菜初加工时如何防止营养成分流失?

3. 认识其他叶菜及其初加工方法。

学生实训评价表　　　　　　　年　　月　　日

班别		姓名		学号	
实训项目	剪菜		老师评语		
评价内容	配分	得分			
剪菜规格	70				
剪菜方法	20				
卫生状况	10				
总分			老师签名:		

菜心

芥菜

蕹菜

【实训项目2】

菜胆加工(生菜胆、芥菜胆、白菜胆、绍菜胆)

【实训目的】

1. 以生菜、芥菜、白菜、绍菜为例掌握四季菜胆的加工方法。
2. 识别菜胆的种类和品质。
3. 能够熟练运用操作技法对菜胆进行加工。

【技术理论与原理】

1. 菜胆加工是根据菜肴造型和口感的要求而对特定蔬菜进行的外形加工。
2. 菜胆的成型规格要严格配合烹调要求。
3. 菜胆在加工过程中要注意将隐藏在根茎部分的泥沙、虫卵冲洗干净,以保证食用卫生。

【实训方法】

1. 工艺流程:

清洗→按规格裁切→修剪→合理放置保管。

2. 操作过程及方法:

(1)生菜胆:切去叶尾端,取头部长约12厘米的部分。供高档菜品使用时还需要修剪叶片,留下尖形叶柄,使菜胆形如羽毛球。

(2)芥菜胆:选用矮脚菜,取头部一段,长约14厘米。

(3)白菜胆:取头部一段,长约12厘米;大棵的切成两半。

(4)绍菜胆:剥出叶瓣,撕去叶筋,切成12厘米的长段呈大橄榄形;心部取12厘米,顺切成2块或4块。

【实训组织】

1. 老师演示(操作示范:加工菜胆)。
2. 学生实训(加工菜胆,2人一组)。
3. 老师点评(小结,评分)。

【实训准备】

1. 实训工具:

刀具、砧板、剪刀、盆、盛具。

2. 实训材料(每组):

生菜250克、芥菜250克、白菜250克、绍菜250克。

【作业与思考】

1. 菜胆的概念和用途?
2. 如何划分四季菜胆?
3. 为何一般只有这四种蔬菜才可以加工成为菜胆?

芥菜	生菜	白菜	绍菜

(二)茎菜类初加工

【实训项目】

剥笋、削马铃薯、刮莲藕

【实训目的】

1. 以竹笋、马铃薯(土豆)、莲藕为例掌握茎菜类加工的基本方法。
2. 掌握茎菜品种不同用途的加工规格。
3. 识别茎菜的种类和品质。

【技术理论与原理】

1. 茎菜类原料一般都有不可食用的外壳或皮肤包裹,加工时需要首先将其去除。

2. 茎菜类常用加工方法有择、剥、刨、刮、削、剔、挖等。

3. 在使用"削"法进行加工操作时,要左手拿稳原料,右手持刀,用反刀从里向外削,注意用力均匀,防止切伤手指。

4. 在茎菜加工过程中要将不能食用的部分清除干净,尤其是马铃薯的芽眼和绿皮会含有毒素,必须将其彻底削皮、深挖芽眼才能保证食用安全。

5. 马铃薯、莲藕中含有一种多元酚类的单宁物质(又称鞣质),单宁在酶的作用下,极易被空气氧化而生成褐色,称为酶褐变。为了避免单宁物质遇空气氧化,应将切好的土豆、藕泡在清水或淡盐水中,使之与空气隔绝防止变色。

6.加工时要充分利用可食部分,减少由于去皮过深而造成的不必要损耗,提高净料率,使加工符合餐饮成本核算的技术理论。

【实训方法】

1.工艺流程:

初步清洗(视情况而定)→去皮(壳)→再清洗→合理放置保管。

2.操作过程及方法:

(1)笋(鲜笋、冬笋、笔笋等)切去头部粗老部分,剥去笋外壳,取出笋肉,用刀削去外皮,使其圆滑。

(2)马铃薯(土豆)削去外皮,挖出芽眼,洗净后用清水浸着备用。

(3)藕洗去泥,刮去藕衣,削净藕节。

【实训组织】

1.老师演示(操作示范:加工笋、马铃薯、莲藕)。

2.学生实训(加工笋、马铃薯、莲藕,2人一组)。

3.老师点评(小结,评分)。

【实训准备】

1.实训工具:

刀具、砧板、刮皮刀、盆、盛具。

2.实训材料(每组):

笋1根、马铃薯2个、莲藕1节。

【作业与思考】

1.常用的去皮工具和技法有哪些?

2.原料去皮后如何放置才最合理?

3.认识其他茎菜及其初加工方法。

(三)根菜类初加工

【实训项目】

刨萝卜、撕沙葛、削番薯

【实训目的】

1.以萝卜、沙葛、番薯为例掌握根菜类加工的基本方法。

2.掌握根菜品种不同用途的加工规格。

3.识别根菜的种类和品质。

【技术理论与原理】

1. 根菜类原料一般都有不可食用的外壳或皮肤包裹,加工时需要首先将其去除。

2. 根菜类常用加工方法有撕、刨、削、刮、剔、挖等。

3. 在使用"削"法进行加工操作时,要左手拿稳原料,右手持刀,用反刀从里向外削,注意用力均匀,防止切伤手指。

4. 沙葛呈扁圆形,个体适中,皮薄而坚韧,纵向纹路清晰,易于剥离,因此对沙葛进行加工时可以采取手撕剥皮的方法。

5. 加工时要充分利用可食部分,减少由于去皮过深而造成的不必要损耗,提高净料率,符合餐饮成本核算的技术理论。

【实训方法】

1. 工艺流程:

初步清洗(视情况而定)→去皮→再清洗→合理放置保管。

2. 操作过程及方法:

(1)萝卜:刨去外皮,切去苗。

(2)沙葛:撕皮,切去头尾。

(3)番薯:削去皮,洗净,浸于清水内或白矾水内。

【实训组织】

1. 老师演示(操作示范:加工萝卜、沙葛、番薯)。

2. 学生实训(加工萝卜、沙葛、番薯,2人一组)。

3. 老师点评(小结,评分)。

【实训准备】

1. 实训工具:

刀具、砧板、刮皮刀、盆、盛具。

2. 实训材料(每组):

萝卜1个、沙葛1个、番薯1个。

【作业与思考】

1. 怎样又快又好地去除原料的外皮?

2. 原料去皮后如何放置才最合理?

3. 认识其他根菜并掌握其初加工方法。

（四）果菜类初加工

【实训项目】

掏瓤加工（辣椒、苦瓜、冬瓜、南瓜）

【实训目的】

1. 以辣椒、苦瓜、冬瓜、南瓜为例掌握果菜类加工的基本方法。

2. 能够熟练应用剜的技法对特定的原料进行掏瓤加工，使原料保持良好造型，符合烹调要求。

3. 识别果菜的种类和品质。

【技术理论与原理】

1. 掏瓤加工是指用手或刀具沿着原料的内沿将瓤、籽等掏除干净的工艺方法。

2. 对某些须整体使用的原料掏瓤加工常使用"剜"的技法，即用小刀或专用工具将原料内部挖空，保持原料本身外形不被破坏。

3. 在运用"剜"的技法对原料进行加工时，先要选好适合造型的原料，再选用适当的刀具，仔细将原料的内瓤挖出。掏瓤时注意防止将内壁剜损过深，影响菜肴制作。

4. 加工时要做到既把瓤掏干净又不浪费原料，减少由于去皮过深而造成的不必要损耗，提高净料率，使原料加工符合餐饮成本核算的技术理论。

【实训方法】

1. 工艺流程：

清洗→整形→掏瓤→刀工处理→合理放置保管。

2. 操作过程及方法：

（1）辣椒（尖椒、圆椒）：

炒用：将辣椒去蒂、去子后切成三角形片。

酿用：将圆椒开边，去蒂、去子修成略呈圆形，尖椒不修。

虎皮尖椒：将尖辣椒切去蒂部，去子后原个使用。

（2）苦瓜：

炒用：将苦瓜切去头尾，开边去瓤，氽后斜刀切片。

焖用：将苦瓜切去头尾，开边去瓤，氽后切成菱形块或日字形块。

酿用：选外形瘦长的苦瓜切去头尾，横切成段，厚约 2 厘米。

煎用：将苦瓜切去头尾，开边去瓤，横切成薄条形片，用于凉瓜煎蛋饼，也可用于生炒。

煮用：原个凉瓜刨出薄片或幼条，刨至瓜瓤为止。

（3）冬瓜：

冬瓜盅：选身直无破损有皮冬瓜，在近瓜蒂部分高约 24 厘米处切断一截，在切口处修圆

外沿,并将切口剖成锯齿形,掏出瓜瓤。(也可在瓜身雕刻图案)

瓜件:将冬瓜去皮、去瓤后,修成圆角方形件,边长为18～20厘米。

瓜脯:将冬瓜去皮、瓤,切改成8厘米×12厘米长方块,或切改成图案花形,表面可剖出横竖浅槽,用于扒。

瓜夹:将冬瓜去皮、瓤,改成长约8厘米、宽约4厘米的日字形或图案花后切双飞件,用于蒸、扣。

棋子瓜:将冬瓜去皮、瓤,改成直径约3厘米的扁圆柱形或梅花形条,再切成2厘米厚的"棋子"形,用于焖或炖。

瓜粒:去皮、去瓤,洗净后先开成1厘米见方的条,然后切成方粒,用于滚汤。

瓜蓉:冬瓜去皮、瓤,洗净后用姜磨磨成蓉状,用于烩。

(4)南瓜

南瓜盅:将南瓜切出瓜蒂作瓜盅盖,掏出瓜瓤。

焖用:将南瓜刨皮、去瓤,然后切成块状。

【实训组织】

1.老师演示(操作示范:加工辣椒、苦瓜、冬瓜、南瓜)。

2.学生实训(加工辣椒、苦瓜、冬瓜、南瓜,2人一组)。

3.老师点评(小结,评分)。

【实训准备】

1.实训工具:

刀具、砧板、水锅、盆、盛具。

2.实训材料(每组):

尖椒、圆椒各2个,苦瓜、小南瓜各1个。

【作业与思考】

1.掏瓤加工的操作方法是什么?

2.冬瓜一般有多少种加工形状?

3.认识其他菜果并掌握其初加工方法。

(五)花菜类、食用菌类初加工

【实训项目】

加工西蓝花、鲜菇、茶树菇

【实训目的】

1.以西蓝花、鲜菇、茶树菇为例掌握花菜类和食用菌类加工的基本方法。

2.掌握切块加工、削根加工的操作方法和技术要领。

3. 了解食用菌类加工的目的、意义。

4. 识别花菜和食用菌的种类和品质。

【技术理论与原理】

1. 切块加工是指用左手按稳原料,右手持刀近距离从原料上部向原料底部垂直运动的一种直刀法。切时以腕力为主、小臂力为辅运刀,一般适用于加工植物性原料和无骨的动物性原料。西兰花的加工就是切块加工。

2. 削根加工是指用刀具将原料根部去掉。在对原料进行削根加工时要注意以下三点:一是要完整地去掉根部;二是要尽量保持原料形状完整、美观;三是防止切口过深造成浪费,降低净料率。

3. 菇类是由生长在基质表面的子实体和基质内部的菌丝体组成,需要进行初步加工的是菇类的子实体。子实体由菌盖、鳞片、菌褶、菌环、菌柄、菌托和菌丝索组成,菇类所谓的根部就是指菌托和菌丝索。菌托和菌丝索连接菌丝体靠近基质,不但口感老韧且含有大量的杂质,应在烹调前去除。

【实训方法】

1. 工艺流程:

西蓝花:洗净→切去叶托→切块→合理放置保管。

鲜菇:削去泥根→打花刀→洗净→合理放置保管。

茶树菇:剪去菇根→洗净→合理放置保管。

2. 操作过程及方法:

(1) 西蓝花加工:洗净后先切去托叶,再将花朵切成小朵便可。

(2) 鲜菇加工:削去泥根,在根部切两刀,呈十字形,在菇伞上切一刀,深度均为 0.5 厘米。较大的可一开为二,适用于炒和焖的菜式。用于酿的菜式,只取菇头部分。

(3) 茶树菇加工:剪去菇根,洗净。

【实训组织】

1. 老师演示(操作示范:加工西蓝花、鲜菇、茶树菇)。

2. 学生实训(加工西蓝花、鲜菇、茶树菇,2 人一组)。

3. 老师点评(小结,评分)。

【实训准备】

1. 实训工具:

刀具、砧板、盆、盛具。

2. 实训材料(每组):

西蓝花 250 克、鲜菇 100 克、茶树菇 100 克。

【作业与思考】

1. 对不同原料切块加工方法的比较。
2. 为什么要对菇类原料进行削根加工？
3. 鲜菇削根后为何还要打花刀？
4. 认识其他花果、食用菌类并掌握其初加工方法。

二、水产品初加工

【实训项目1】

加工鲩鱼、鳙鱼、鲮鱼

【实训目的】

1. 以鲩鱼、鳙鱼、鲮鱼为例掌握鱼类加工的基本方法。
2. 熟练地应用各种技法对鱼类进行加工。
3. 熟悉各种菜肴对鱼类加工成形的要求。
4. 识别水产品的种类和品质。

【技术理论与原理】

1. 鱼类初步加工的基本方法一般有放血、打鳞、去鳃、取内脏、洗涤整理。其中取内脏的方法分为三种,分别是腹取法、背取法、鳃取法,视烹制的需要而选用。

2. 杀鱼首先要把鱼血放干净,目的是使鱼肉质洁而无血腥味。一般是切断鳃根随即放进水盆中,让鱼在水中挣扎,将血流尽死亡。

3. 用鱼鳞刨刀从鱼尾部往头部刨出或刮出鱼鳞称为打鳞。打鳞时不可弄破鱼皮,特别是刀刮鱼鳞时更要注意。用刀打鳞时精神要集中,注意安全,因为打鳞时是逆刀刮鳞,极容易伤及按鱼头的手。鱼鳞要打干净,尤其是尾部、头部或近头部、背鳍两侧、腹鳍两侧等部位要注意检查是否留有鱼鳞。鲥鱼、鲤鱼可不去鳞。

4. 鱼鳃既腥又脏,必须去除。去鳃时,一般可用刀尖剔出,或用剪刀剪除,也可以用手挖出,有时需用坚实的粗筷子或专用长铁钳从鳃盖中或口中拧出。

5. 取内脏后,继续将黑腹膜、鱼鳞等污物刮洗干净,整理外形,并用清水冲洗干净。

6. 加工后净料率:

鲩鱼:宰净78%,起肉43%。

鳙鱼:宰净80%,起肉30%。

鲮鱼:宰净85%,带皮起肉60%。

【实训方法】

1. 工艺流程：

放血→打鳞→去鳃→取内脏→洗涤整理。

2. 操作过程及方法：

（1）鲩鱼、鳙鱼加工：如果是原条使用，可采用开腹去脏法，具体操作方法为用刀尖插入鳃根放血，打去鱼鳞，切开腹部，取出内脏，刮去黑膜，冲洗干净便可。如果不是原条使用，则用开背取脏法，具体操作方法为先放血，打鳞，在鱼身肛门稍靠尾部下刀，紧贴脊骨，切开鱼脊，劈开鱼头，这样就得到胸腹相连的鱼体，内脏和鱼鳃便可以轻易取出。然后刮出黑腹膜，冲洗干净即可。

（2）鲮鱼加工：如果是原条使用的鲮鱼，采用开腹取脏法加工，即用刀尖插入鳃根放血，打去鱼鳞，切开腹部，取出内脏，刮去黑膜，冲洗干净便可。开腹时注意进刀不要太深，否则容易戳破鱼胆。鲮鱼起肉有两种方法，以先除鱼腹再起肉方法较好。具体做法是：放血、打鳞、去鳃，把鲮鱼背贴砧板、腹朝上放在砧板上，左手按鱼头扶稳，右手持刀从肛门切入，将整个腹腔及全头切下，取出鱼鳃、内脏后洗干净，另作别用。余下部分平放在砧板上，用平刀法起出两侧鱼肉。另一种方法与生鱼起肉大致相同。

【实训组织】

1. 老师演示（操作示范：加工鲩鱼、鳙鱼、鲮鱼）。
2. 学生实训（加工鲩鱼或鳙鱼、鲮鱼，2人一组）。
3. 老师点评（小结，评分）。

【实训准备】

1. 实训工具：

刀具、砧板、水盆、盛具。

2. 实训材料（每组）：

鲩鱼、鳙鱼各1条、鲮鱼2条。

【作业与思考】

1. 鱼类的初加工有哪些方法？
2. 了解鲩鱼、鳙鱼、鲮鱼加工后的净料率，以及各部分的烹制用途。
3. 认识其他鱼类并掌握其初加工方法。
4. 了解各种鱼类的身体结构及特点。

学生实训评价表　　　　　　年　　月　　日

班别		姓名		学号	
实训项目	加工鲩鱼		老师评语		
评价内容	配分	实际得分			
加工方法正确	30				
除尽污秽杂质	30				
成型整齐美观	20				
符合菜肴要求	20				
总分			老师签名：		

【实训项目2】

加工生鱼

【实训目的】

1. 以生鱼为例掌握鱼类加工的基本方法。
2. 熟练地应用各种技法对鱼类进行加工。
3. 掌握起生鱼的操作方法和技术要领。
4. 识别水产品的种类和品质。

【技术理论与原理】

1. 鱼类初步加工取内脏的方法分为三种,分别是腹取法、背取法、鳃取法。生鱼的加工根据烹调方法的不同而有所区别。

2. 开腹取脏法(腹取法):在鱼的胸鳍与肛门之间直切一刀,切开鱼腹,取出内脏,刮净黑腹膜。这种方法简单、方便、快捷,使用最广泛,如鲫鱼、鲤鱼、鲩鱼、鲳鱼、煲汤的生鱼等,都可用本办法。

3. 开背取脏法(背取法):沿背鳍下刀,切开鱼背,取出内脏及鱼鳃。根据需要,有的要取出脊骨和腩骨,有的不取出脊骨、腩骨。这种方法能在视觉上增大鱼体,美化鱼形,并能除去脊骨和腩骨,可用于蒸的生鱼、山斑等。

4. 生鱼加工后的净料率为(750克/条):宰净85%,起肉50%,起球32%。

【实训方法】

1. 工艺流程:

放血→打鳞→去鳃→取内脏→洗涤整理。

2. 操作过程及方法:

（1）用于煲汤的生鱼，用开腹取脏法宰杀，具体操作方法为：用刀尖插入鳃根放血，打去鱼鳞，切开腹部，取出内脏，刮去黑膜，冲洗干净便可。

（2）用于原条蒸的生鱼，需用开背取脏法宰杀，具体操作方法是：

① 用刀背敲鱼头，然后用刀尖从鳃盖插入，切断鳃根放血。

② 刮去鱼身及鱼头部的鳞。

③ 起出胸鳍和腹鳍。

④ 从脊鳍下刀切开，紧贴脊骨将鱼肉切离，劈开鱼头，前端相连，再紧贴腩骨将鱼肉片出。两边方法相同。最后在尾鳍处将脊骨切断，取出脊骨。尾鳍仍相连。

⑤ 取出内脏和鱼鳃。

⑥ 冲洗干净，便得到头、尾、胸相连的龙船形生鱼。

（3）用于起肉的生鱼加工方法与蒸生鱼基本相同。不同之处是切开背脊后不劈开鱼头，而是在头身连接处横切一刀，使鱼肉与鱼头分离，取出鱼骨，便可得到腹部相连的两条鱼肉。从鱼头中取出鱼鳃，冲洗干净。

【实训组织】

1. 老师演示（操作示范：加工生鱼）。

2. 学生实训（加工生鱼，2人一组）。

3. 老师点评（小结，评分）。

【实训准备】

1. 实训工具：

刀具、砧板、水盆、盛具。

2. 实训材料（每组）：

生鱼1条。

【作业与思考】

1. 学会识别生鱼的品种品质。

2. 比较三种取脏法的工艺特点及适用范围。

3. 熟练掌握起生鱼的技术要领，提高净料率及平整度。

【实训项目3】

加工鳜鱼、鲈鱼

【实训目的】

1. 以鳜鱼（桂鱼）、鲈鱼为例掌握鱼类加工的基本方法。

2. 掌握名贵鱼类夹鳃取脏法的技术要领。

3. 能够熟练使用夹鳃取脏法对原料进行加工。

【技术理论与原理】

1. 对于鳜鱼、鲈鱼、石斑等名贵鱼类,大部分用于原条烹制,为最大限度地保持鱼体外形的完整美观,它们必须采用夹鳃取脏的方法进行加工。

2. 夹鳃取脏法:先在鳃根放血,打鳞,在肛门前处横切一刀,切断肠,然后用专用的竹枝或粗筷子或专用的长铁钳,从鳃盖插入,夹好鱼鳃,在拧出鱼鳃的同时拧出内脏。

3. 鳜鱼加工后的净料率为(750 克/条):宰净 85%,起肉 68%。

4. 鲈鱼加工后的净料率为(1000 克/条):宰净 80%,起肉 50%,起球 37%。

【实训方法】

1. 工艺流程:

放血→打鳞→去鳃→取内脏→洗涤整理。

2. 操作过程及方法:

先在鳃根放血,打鳞,在肛门前处横切一刀,切断肠,然后用专用的竹枝或粗筷子或专用的长铁钳,从鳃盖插入,夹好鱼鳃,在拧出鱼鳃的同时带出内脏。将鱼体内外冲洗干净即好。

【实训组织】

1. 老师演示(操作示范:加工鳜鱼、鲈鱼)。

2. 学生实训(加工鳜鱼、鲈鱼,2 人一组)。

3. 老师点评(小结,评分)。

【实训准备】

1. 实训工具:

刀具、砧板、水盆、盛具。

2. 实训材料(每组):

鳜鱼、鲈鱼各 1 条。

【作业与思考】

1. 学习识别各种鱼类及档次品质。

2. 比较三种取脏法的工艺特点及适用范围。

3. 熟练掌握夹鳃取脏法的操作技术要领。

【实训项目 4】

加工虾

【实训目的】

1. 掌握加工虾的操作方法和技术要领。

2. 区别掌握不同种类虾的加工方法。

【技术理论与原理】

1. 新鲜的虾头尾完整,爪须齐全,有一定的弯曲度,颜色自然、发亮,肉质坚实,有弹性。

2. 虾的加工首先要符合食品卫生的要求,要除尽污秽杂质,特别是要用牙签插入虾背中节部位挑出虾线。虾线即虾的肠道,色黑且充满了污物,有苦味,如果不剔除干净则会对菜肴质量造成影响。

3. 要按照虾的用途选择正确的加工方法。

4. 在虾的初加工过程中要注意尽量保持其形态美观。

5. 剥中虾肉的净料率为35%。

【实训方法】

1. 工艺流程:

洗净→剪头、须、尾→取肉→修整→盛装。

2. 操作过程及方法:

(1) 白焯:洗净即可。

(2) 煎、焗:需要将虾剪净,方法与步骤如下所示。

① 剪虾须、虾枪(即头部刺尖)。

② 挑虾肠——在虾背头后和尾部分别挑断虾肠,再从中间挑出。

③ 剪水拔和虾足。

④ 剪1/3尾和尾枪。

(3) 取虾肉:将虾剥去头、壳和尾,取出虾肉。

(4) 酿用:将剪好的虾在腹部顺切开口即可。

(5) 直虾:剥去虾头、虾壳,留下虾尾,挑去虾肠,在腹部横切三刀,深约1/3。

【实训组织】

1. 老师演示(操作示范:加工虾)。

2. 学生实训(加工虾,2人一组)。

3. 老师点评(小结,评分)。

【实训准备】

1. 实训工具:

刀具、砧板、水盆、盛具。

2. 实训材料(每组):

鲜虾250克。

【作业与思考】

1. 如何对虾类进行初加工?

2. 如何鉴别虾的种类、品质?

3. 区别不同种类虾的不同加工方法。

【实训项目5】

加工蟹

【实训目的】

1. 掌握加工蟹的操作方法和技术要领。

2. 掌握根据不同菜肴要求对蟹的加工方法。

3. 识别蟹的种类和品质。

【技术理论与原理】

1. 新鲜的蟹腿肉坚实,肥壮有力,脐部饱满,背壳色鲜明,腹白或略呈红色,翻扣后能迅速翻转。

2. 死蟹极易因蛋白质分解而受污染导致腐败变质,还有体内的组氨酸易分解为有毒性的组氨,故不宜食用。

3. 蟹在宰杀前应放置在清水中活养一段时间,以便蟹吐出体内污物。

4. 肉蟹加工后的净料率为宰净70%、拆肉20%。

【实训方法】

1. 工艺流程:

洗净→修整→盛装。

2. 操作过程及方法:

(1) 宰蟹:

① 将蟹背朝下,放在砧板上,用刀尖往蟹厣部戳进,令蟹死亡。

② 将蟹翻转,用刀身压着蟹爪,用手将蟹盖掀起,削去蟹盖弯边及刺尖。膏蟹取出蟹黄,放好。

③ 刮去蟹鳃,切去蟹厣,取出内脏,洗净。

④ 剁下蟹螯(蟹钳),斩成两节,拍裂。

⑤ 将蟹身切成两半,剁去爪尖,将蟹身斩成若干块,每块至少带一爪。

⑥ 用于蒸的膏蟹,须将蟹盖修成小圆片,每盖约修成2片。

(2) 拆蟹肉:

① 将宰好的蟹蒸熟或滚熟。

② 剥去蟹螯的外壳,得蟹肉。

③ 斩下蟹爪。

④ 用刀跟将蟹身的蟹钉撬出,顺肉纹将蟹肉剔出。

⑤ 用刀柄或圆棍碾压蟹爪,将蟹爪的蟹肉挤出。

⑥ 检查碎壳。

（3）原只用:将蟹戳死后用刷将蟹身洗刷干净即可。

【实训组织】

1. 老师演示(操作示范:加工蟹)。

2. 学生实训(加工蟹,2 人一组)。

3. 老师点评(小结,评分)。

【实训准备】

1. 实训工具:

刀具、砧板、水盆、盛具。

2. 实训材料(每组):

活蟹 2 只。

【作业与思考】

1. 如何对蟹进行初加工?

2. 鉴别蟹的种类、品质。

3. 如何区分蟹的公母?

【实训项目6】

加工鲇鱼、塘利(塘虱)

【实训目的】

1. 以鲇鱼、塘利为例掌握鱼类加工的基本方法。

2. 熟练掌握加工鲇鱼、塘利的操作方法和技术要领。

3. 识别无鳞鱼的种类和品质。

【技术理论与原理】

1. 鲇鱼鱼身圆长,头大尾部扁平,有触须,体上部青黑,腹部白色,无鳞多黏液。

2. 塘利身形长、头宽圆、平扁,体滑无鳞,有四对触须,胸鳍有一锯状硬刺,尾鳍圆。

3. 无鳞鱼体表一般多有黏液,宰杀时要先刮除黏液,以防滑手。

4. 鲇鱼加工后的净料率为(2500 克/条):宰净 85%,起肉 50%,鲇鱼腩 12%。

5. 塘利加工后的净料率为(200 克/条):宰净 88%,起肉 48%。

【实训方法】

1. 工艺流程:

拍头→刮黏液→取内脏→洗涤整理。

2.操作过程及方法:

(1)鲇鱼:

用刀背拍打鱼头使其晕厥,用手紧扣头后的硬鳍,防止鱼挣扎时鳍刺伤手,用开腹法取出内脏。

取鲇鱼腩则不可开腹,要从肛门下刀,沿腹腔两侧边缘切出鱼腹(即鲇腩),再取出内脏。

(2)塘利鱼:

塘利的宰杀方法与鲇鱼大致相同,不同的是塘利头内有两团花状物,俗称头花,不可食用,须摘除。

起肉:用平刀从鱼尾部至头部紧贴脊骨将肉起出。

【实训组织】

1.老师演示(操作示范:加工鲇鱼、塘利)。

2.学生实训(加工鲇鱼、塘利,2人一组)。

3.老师点评(小结,评分)。

【实训准备】

1.实训工具:

刀具、砧板、水盆、盛具。

2.实训材料(每组):

鲇鱼、塘利各1条。

【作业与思考】

1.如何对鲇鱼、塘利进行初加工?

2.鉴别无鳞鱼的种类、品质。

3.如何去除无鳞鱼的黏液?

【实训项目7】

加工黄鳝、白鳝

【实训目的】

1.以黄鳝、白鳝为例掌握水产品加工的基本方法。

2.熟练掌握加工黄鳝、白鳝的操作方法和技术要领。

3.掌握黄鳝与白鳝加工方法的区别。

【技术理论与原理】

1.黄鳝、白鳝属于无鳞鱼类,体表有发达的黏液腺,这些黏液有较重的腥味,而且非常黏滑,不利于加工和烹调。常用的去黏液的方法有两种,一是活体去黏液,二是热水去黏液。

2. 活体去黏液的做法是:在活体的鳝鱼外表不停地涂抹面粉以去除黏液,这种方法可以使鳝鱼自身将黏液分泌干净,将土腥味降到最小。

3. 热水浸烫去黏液的做法是:将鳝鱼投放在 70 摄氏度左右的热水中,使鱼体表面的黏液凝结,然后再将黏液去除。在烫制的水中,加入葱段、姜块、香醋和精盐,可以大大减轻土腥味。

4. 放血需要放干净,否则残留在体内肌肉中的血液会氧化变为褐色,影响到菜肴的美观。

5. 黄鳝加工后的净料率为:宰净(大)56%,(小)43%。

6. 白鳝加工后的净料率为:宰净90%。

【实训方法】

1. 工艺流程:

黄鳝:洗净→切开脊骨→切断鳝骨→片出鳝脊骨→洗净→盛装。

白鳝:开刀→放血→浸烫→洗净→背部开刀→去内脏→洗净。

2. 操作过程及方法:

(1)黄鳝:

用叉将黄鳝头插在木板上,用小刀沿着脊骨切开至尾,然后在头部将鳝骨切断,将刀身平贴鳝肉将鳝脊骨片出,洗去黏液。

(2)白鳝:

用刀在颈部侧斩一刀放血(头不能断),待其死后,在肛门处横切一刀,从鳃部拉出肠脏。用热水兑白醋将白鳝烫过后,再用刀刮去黏液,洗净。

【实训组织】

1. 老师演示(操作示范:加工黄鳝、白鳝)。

2. 学生实训(加工黄鳝、白鳝,2 人一组)。

3. 老师点评(小结,评分)。

【实训准备】

1. 实训工具:

刀具、砧板、水盆、盛具。

2. 实训材料(每组):

黄鳝、白鳝各 1 条。

【作业与思考】

1. 如何对黄鳝、白鳝进行初加工?

2. 如何简单方便地去除鳝鱼身上的黏液?

3. 加工鳝鱼的时候如何控制其滑动?

【实训项目8】

加工鲜鱿鱼、鲜墨鱼

【实训目的】

1. 以鲜鱿鱼、鲜墨鱼为例掌握水产品加工的基本方法。
2. 熟练掌握加工鲜鱿鱼、鲜墨鱼的操作方法和技术要领。
3. 识别鲜鱿鱼、鲜墨鱼等水产品的种类和品质。

【技术理论与原理】

1. 鲜鱿鱼质地嫩滑脆爽,在鱿鱼内侧剞花刀后经过加热能够自然曲卷成各种形状,例如麦穗花刀、襄衣花刀、灯笼花刀、卷筒花刀等。值得注意的是,在剞花刀时一定要在鱿鱼的内侧面下刀刻纹,如果在鱿鱼的外侧面剞刻则无法达到效果。
2. 鱿鱼体表的外衣和体内的筋膜要去除干净,以免影响美观和剞花下刀。
3. 鱿鱼的嘴、牙成圆颗状藏在头部,加工时要注意取出,使之符合食用卫生要求。
4. 鲜鱿鱼加工后的净料率为70%。
5. 鲜墨鱼加工后的净料率为60%。

【实训方法】

1. 工艺流程:
剪开腹部→剥出骨片→撕去外衣→摘除眼、嘴→洗净→盛装。
2. 操作过程及方法:
用刀切开或用剪刀剪开腹部,剥出骨片(墨鱼是粉骨),剥去外衣、嘴、眼,撕尽体内筋膜,冲洗干净。墨鱼墨汁较多,小心剥除墨囊,以免鱼体染色。可以在水中剪剥。

【实训组织】

1. 老师演示(操作示范:加工鲜鱿鱼、鲜墨鱼)。
2. 学生实训(加工鲜鱿鱼、鲜墨鱼,2人一组)。
3. 老师点评(小结,评分)。

【实训准备】

1. 实训工具:
刀具、砧板、水盆、盛具。
2. 实训材料(每组):
鲜鱿鱼、鲜墨鱼若干。

【作业与思考】

1. 如何对鲜鱿鱼、鲜墨鱼进行初加工?

2. 如何区分鱿鱼和墨鱼？

3. 通过加热验证在鱿鱼正反面剖花的效果区别。

【实训项目9】

加工水鱼（甲鱼、鳖）

【实训目的】

1. 以水鱼为例掌握水产品加工的基本方法。

2. 掌握加工水鱼的操作方法和技术要领。

3. 了解水鱼等鳖类水产品的解剖结构。

【技术理论与原理】

1. 水鱼在死后体内的组氨酸会迅速分解为组胺，成为有毒物质，因此必须要活体加工。

2. 水鱼凶猛，容易咬伤人，所以宰杀时要集中注意力，以防水鱼伤人。

3. 水鱼有坚硬的外壳，加工时要将其背朝下放置在砧板上，待其将头和脖子完全伸出企图顶起翻身时，迅速捉住脖子才能进行宰杀。

【实训方法】

1. 工艺流程：

剁头握颈→砍断颈骨→分离背甲→取出内脏→洗涤整理。

2. 操作过程及方法：

（1）将水鱼背朝下放在砧板上，拇指和食指扣在后腹部凹陷处，固定水鱼。

（2）待水鱼头伸出时，用刀剁下，压着水鱼头，顺势拉出水鱼颈，原固定水鱼的手迅速反手握住水鱼颈，将甲鱼颈往外拉。

（3）用刀切开水鱼颈与背甲连接处，斩断颈骨，撬离水鱼前肢关节，顺势在背甲与腹部之间下刀，将水鱼腹部与背甲切离。

（4）把水鱼放进60摄氏度左右的热水中略烫，擦去外衣，冲洗干净。

（5）将背甲完全切离，切除内脏，起净油脂，冲洗干净。

（6）斩件时要斩去嘴尖、脚趾，背甲只留肉裙。

3. 操作要领：

（1）宰杀水鱼时要仔细检查颈部是否留有鱼钩。

（2）水鱼较凶猛，宰杀时要注意安全，动作要利索，以防被咬伤。

（3）注意不要烫水过熟。

【实训组织】

1. 老师演示（操作示范：加工水鱼）。

2. 学生实训（加工水鱼，4人一组）。

3.老师点评(小结,评分)。

【实训准备】

1.实训工具:

刀具、砧板、水盆、盛具。

2.实训材料(每组):

水鱼1只。

【作业与思考】

1.对甲鱼进行初加工要掌握哪些技术要领?

2.如何区分水鱼和山瑞?

3.了解广东本地水鱼和其他外来水鱼的品质区别。

【实训项目10】

加工鲜鲍鱼、鲜带子

【实训目的】

1.以鲜鲍鱼、鲜带子为例掌握水产品加工的基本方法。

2.掌握加工鲜鲍鱼、鲜带子的操作方法和技术要领。

3.了解鲜鲍鱼、鲜带子等贝壳类水产品的种类和品质。

【技术理论与原理】

1.鲍鱼的品质除了以品种决定以外,其大小也是鉴定标准之一,一般以头数表示,即每500克里有体形均匀的鲍鱼多少只,例如三头、五头等,头数越少,其品质越高,价格越贵。鲜鲍鱼加工过程中,适用剞梳子花刀。

2.带子的质量以长度来衡量,带子放在水中应能自然闭合,如壳口张开即为死货;或用刀将带子剖开时有"黏刀"现象,则此带子不能食用。豉汁蒸或蒜蓉蒸时开边连壳;炒带子则取肉去壳。

3.鲜鲍鱼加工后的净料率为:取肉30%。

4.带子加工后的净料率为:取肉50%。

【实训方法】

1.工艺流程:

洗净→修整→盛装。

2.操作过程及方法:

鲜鲍鱼加工:用刷将内外污物刷洗干净。连壳使用的,用刀将肉大部分切离,稍留下点与壳相连。

鲜带子加工:用尖刀插进贝壳内,将贝肉一切为二(小的带子不必把贝肉切开,只切去一边外壳即可),剥去内脏,洗净即可。

【实训组织】

1.老师演示(操作示范:加工鲜鲍鱼、鲜带子)。
2.学生实训(加工鲜鲍鱼、鲜带子,2人一组)。
3.老师点评(小结,评分)。

【实训准备】

1.实训工具:

刀具、砧板、水盆、盛具。

2.实训材料(每组):

鲜鲍鱼、鲜带子若干。

【作业与思考】

1.如何加工鲜鲍鱼和鲜带子?
2.如何鉴别鲍鱼和带子是否新鲜?
3.认识其他常见贝壳类水产品。

三、家禽类初加工

【实训项目1】

宰杀活鸡

【实训目的】

1.以活鸡为例掌握家禽加工的基本方法。
2.掌握宰杀活鸡的操作方法和技术要领。
3.了解鸡的种类和品质。
4.了解家禽的解剖结构。

【技术理论与原理】

1.宰杀活鸡时一般左手提鸡,右手握刀放血,当鸡的个体大而重、不宜手提时,可用绳子将鸡脚连翅膀一起捆绑,将鸡脖拉直再割喉放血。割喉放血的位置要准确,刀口要小,确保顺利放血和活鸡迅速死亡。

2.宰杀后的烫水、脱毛,需要在鸡停止挣扎完全死亡而体温尚未完全冷却时进行。烫水过早,肌肉痉挛,皮紧缩,不易脱毛。烫水过晚,会造成机体僵硬,毛孔收缩而不易脱毛。

3.烫水的水温要根据鸡的老嫩和季节变化而定。一般情况下,鸡项(小母鸡)用65摄氏度的水温,骟鸡(阉鸡)用75摄氏度的水温。

4.用于炸脆皮鸡的活鸡宰杀时特别要注意控制好水温,避免鸡皮破损、冒油的情况出现。

5.要把鸡皮表面的细毛和黄色薄膜去除干净;掏内脏时要注意把藏于脊骨间的鸡肺掏干净。

【实训方法】

1.工艺流程:

割喉放血→褪毛→开腹取内脏→洗涤整理。

2.操作过程及方法:

(1)割喉放血。

一手抓住鸡翅,用小指勾着一只鸡脚,大拇指和食指捏鸡颈,使鸡喉管突出,迅速切断喉管及颈部动脉。持刀的手放下刀,转抓住鸡头,捏鸡颈的手松开,让鸡血流出。

(2)煺毛。

鸡死后,把它放进热水中烫毛。烫片刻后取出,拔净鸡毛。烫毛时,应先烫鸡脚试水温,若鸡脚衣能轻易脱出,说明水温合适;若脱不出,则是水温太低;若脚变形,脚衣难脱,就是水温偏高;水温合适时再烫全身。

(3)开腹取内脏。

在鸡颈背处切开一个3厘米的小口,取出嗉囊、气管及食管。将鸡放在砧板上,鸡胸朝上,用手按压鸡腿,使鸡腹鼓起,用刀在鸡腹上顺切开口,掏出所有内脏及肛门边的肠头蒂(屎囊),在鸡脚关节稍下一点的地方剁下双脚。

(4)洗涤。

将鸡全面冲洗干净。

【实训组织】

1.老师演示(操作示范:活鸡宰杀)。

2.学生实训(活鸡宰杀,4人一组)。

3.老师点评(小结,评分)。

【实训准备】

1.实训工具:

刀具、砧板、水盆、盛具。

2.实训材料(每组)

活鸡1只。

【作业与思考】

    1. 如何把握宰鸡放血的技术要领？

    2. 如何判断烫鸡的水温是否合适？

    3. 掏出鸡内脏时要注意哪些问题？

学生实训评价表   年   月   日

班别		姓名		学号	
实训项目	宰杀活鸡		老师评语		
评价内容	配分	实际得分			
外形状况	30				
放血褪毛	30				
内脏处理	20				
卫生状况	20				
总分			老师签名：		

【实训项目2】▎▎▎▊▊

    宰杀活鸭

【实训目的】

    1. 了解鸭的种类和品质。

    2. 熟悉家禽加工的基本方法。

    3. 掌握宰杀活鸭的操作方法和技术要领。

【技术理论与原理】

    1. 宰杀活鸭时一般左手提鸡,右手握刀放血。当鸭的个体大而重、不宜手提时,可用绳子将鸭脚连翅膀一起捆绑吊起,将鸭脖拉直再割喉放血。割喉放血位置要准确,刀口要小,确保顺利放血和活鸭迅速死亡。

    2. 宰杀时,气管、血管必须割断,血要放尽。如果家禽的气管未割断,就不会立即死亡;血管没有割断则血液放不干净,会造成肉质发红,影响成品质量。

    3. 烫水的水温要根据家禽的老嫩和季节变化而定。一般情况下,鸭用70摄氏度的水温。

    4. 掏鸭内脏时要注意把藏于脊骨间的鸭肺掏干净。但是用于制作烤鸭时则需留鸭肺不挖。

58

【实训方法】

1. 工艺流程：

割喉放血→褪毛→开腹取内脏→洗涤整理。

2. 操作过程及方法：

（1）割喉放血。

一手抓住鸭翼,用小指勾着一只鸭脚,大拇指和食指捏鸭颈,使鸭喉管突出,迅速切断下巴位置的喉管及颈部动脉。持刀的手放下刀,转抓住鸭头,捏鸭颈的手松开,让鸭血流出。

（2）煺毛。

鸭死后,把它放进热水中烫毛。烫片刻后取出,拔净鸭毛。

（3）开腹取内脏。

（4）洗涤。

将鸭全面冲洗干净。

【实训组织】

1. 老师演示(操作示范:活鸭宰杀)。

2. 学生实训(活鸭宰杀,4人一组)。

3. 老师点评(小结,评分)。

【实训准备】

1. 实训工具：

刀具、砧板、水盆、盛具。

2. 实训材料(每组)：

活鸡1只。

【作业与思考】

1. 如何把握宰鸭放血的技术要领?

2. 如何判断烫鸭的水温是否合适?

3. 对不同家禽加工方法进行比较?

【实训项目3】

加工禽内脏

【实训目的】

1. 以鸡、鸭内脏为例掌握家禽类内脏加工的基本方法。

2. 掌握禽内脏加工的操作方法和技术要领。

3. 了解禽内脏的位置结构情况。

【技术理论与原理】

1. 禽内脏的脏物比较多,只有在仔细彻底的清洗加工后才能达到食用标准。

2. 禽内脏是禽类较容易产生疾病的器官,所以在加工时清洁卫生极为重要。

3. 禽类的消化器官含有大量的内容物,应采用剖开清洗的方法。通常先去除附着在表面的脂肪,再剥掉内容物,去除不能食用部分,冲洗干净。

4. 鸡肫的内膜又称"鸡内金",是一种常见的中药材,对治疗消化不良等胃肠道疾病有辅助功效,在初加工中要注意保留。

5. 如需留取家禽血液食用,则在宰杀前准备一个干净的容器,里面盛装一些盐水,家禽割喉后将血液流放到容器里面收集,然后放置凝固。收集血液时要注意清洁卫生。

【实训方法】

1. 工艺流程:

清洗→整理→洗净→盛装。

2. 操作过程及方法:

(1)肫:割去食管及肠,剥除油脂,切开肾的凸边,除去内容物,剥掉内壁黄衣(内金),洗净。

(2)肝:剥离胆囊,洗净即可。

(3)肠:将肠理直,用尖刀或剪刀剖开肠子,洗净污物,用食盐搓擦,去掉肠壁上的黏液和异味,冲洗干净即可。鸡生肠洗干净即可,不必剪开。鹅、鸭肠不下盐擦。

(4)心、鸡子、未成熟的鸡卵等:用水洗净。

(5)油脂块:洗净即可。

(6)血:将已凝固的血放进沸水中,慢火浸熟。

【实训组织】

1. 老师演示(操作示范:禽内脏加工)。

2. 学生实训(禽内脏加工,2人一组)。

3. 老师点评(小结,评分)。

【实训准备】

1. 实训工具:

刀具、砧板、水盆、盛具。

2. 实训材料(每组):

家禽内脏若干。

【作业与思考】

1. 加工禽内脏都有哪些方法?

2. 加工禽内脏时要注意什么?

3. 比较各种禽内脏的特点。

四、家畜类初加工

【实训项目1】

宰杀兔子

【实训目的】

1. 以兔子为例掌握家畜类加工的基本方法。

2. 掌握兔子加工的操作方法和技术要领。

3. 了解家畜的解剖结构。

【技术理论与原理】

1. 畜类原料是指动物性原料中的哺乳类动物原料及其制品。哺乳动物的主要特征为：体一般分为头、颈、躯干、尾和四肢五部分,体表被毛,体温恒定,胎生哺乳。

2. 畜肉是由多种组织构成,烹饪中所涉及的是肌肉组织、脂肪组织、结缔组织和骨骼组织。了解畜肉的组织结构就能在烹饪加工中根据原料的组织学特点对其合理运用。

3. 兔肉质地细嫩,肉色一般为淡红色或红色,肌纤维细而柔软,没有粗糙的结缔组织,味道鲜美,蛋白质含量高,脂肪含量低,消化吸收率高,略带土腥味。

4. 畜类宰杀时要把血放干净,除尽幼毛。

【实训方法】

1. 工艺流程：

摔晕→割喉→放血→烫水→脱毛→取内脏→洗净。

2. 操作过程及方法：

抓住兔的后腿,将兔摔昏后割喉放血,用68摄氏度的热水烫透脱毛,开肚取内脏,洗净。

【实训组织】

1. 老师演示(操作示范:宰杀兔子)。

2. 学生实训(宰杀兔子,4人一组)。

3. 老师点评(小结,评分)。

【实训准备】

1. 实训工具：

刀具、砧板、水盆、盛具。

2.实训材料(每组):

兔子1只。

【作业与思考】

1.兔子如何进行宰杀?

2.你认为宰杀兔子有哪些技术关键?

3.比较其他小型哺乳类动物的宰杀方法。

学生实训评价表　　　　　　　年　　月　　日

班别		姓名		学号	
实训项目		宰杀活兔	老师评语		
评价内容	配分	实际得分			
外形状况	30				
放血褪毛	30				
内脏处理	20				
卫生状况	20				
总分			老师签名:		

【实训项目2】

清洗猪肚

【实训目的】

1.以猪肚为例掌握家畜内脏加工的基本方法。

2.掌握猪肚加工的操作方法和技术要领。

3.掌握各种内脏的清洗方法。

【技术理论与原理】

1.猪肚是猪的胃,新鲜的猪肚有光泽,色浅黄,黏液多,质地坚实。不新鲜的猪肚色带青白,无光泽和弹性,肉质松软,有异味,不宜食用。

2.畜类内脏的清洗方法包括翻洗法、搓洗法、烫洗法、刮洗法、灌洗法、挑出洗法等。对于猪肚的清洗可采用翻洗法、搓洗法和烫洗法。

3.翻洗法:将肚、肠的内里向外翻出清洗。肠和肚里有消化物,十分污秽且油腻黏滑,如果不翻转清洗则无法清洗干净。

4.搓洗法:加入食盐或明矾搓揉内脏,然后用清水洗涤。这种方法的作用是能够去除油脂、黏液和污物。

5.烫洗法:把初步清洗过的内脏放进热水中略烫,使黏液凝固、白膜收缩分离。这种方法便于清除黏液和刮除白膜,同时能在一定程度上去除腥臭异味,使用此法需注意水温,不同内脏所用水温不同。

【实训方法】

1.工艺流程:

外翻→清洗→略烫→刮去肚苔及黏液→洗净。

2.操作过程及方法:

猪肚清洗:将猪肚里外翻转,先用清水冲洗污物及部分黏液,再放进沸水中略烫(不能烫过久),当肚苔白膜发白时立即捞起,用小刀刮去肚苔及黏液,再用清水洗净。

【实训组织】

1.老师演示(操作示范:清洗猪肚)。

2.学生实训(清洗猪肚,2人一组)。

3.老师点评(小结,评分)。

【实训准备】

1.工具:

刀具、砧板、水盆、盛具。

2.材料(每组):

猪肚1个。

【作业与思考】

1.家畜内脏的清洗方法都有哪些?

2.加工家畜内脏时要注意什么?

3.了解猪肚的结构及烹调用途。

【实训项目3】▌▎▎

清洗猪肠

【实训目的】

1.以猪肠为例掌握家畜内脏加工的基本方法。

2.掌握猪肠加工的操作方法和技术要领。

3.认识猪肠的种类和质量。

【技术理论与原理】

1.新鲜的肠呈乳白色,具有韧性,柔软,黏液多。不新鲜的肠变色,黏液少,有腐败的恶臭味。

2. 畜类内脏的清洗方法包括翻洗法、搓洗法、烫洗法、刮洗法、灌洗法、挑出洗法等。对于猪肠的清洗可采用翻洗法和搓洗法。

3. 翻洗法：将肚、肠的内里向外翻出清洗。肠和肚里有消化物，十分污秽且油腻黏滑，如果不翻转清洗则无法清洗干净。

4. 搓洗法：加入食盐或明矾搓揉内脏，然后用清水洗涤的方法。这种洗法能够去除油脂、黏液和污物。

【实训方法】

1. 工艺流程：

翻转→灌水→冲洗→揉搓→清洗。

2. 操作过程及方法：

猪肠清洗：把猪肠翻转一小截，然后往翻转处灌水。随着水的不断灌进，猪肠就会逐步翻转，直至全部翻转过来。先用清水冲洗，再放入食盐搓揉，最后用清水洗干净。

【实训组织】

1. 老师演示（操作示范：清洗猪肠）。

2. 学生实训（清洗猪肠，2 人一组）。

3. 老师点评（小结，评分）。

【实训准备】

1. 工具：

刀具、砧板、水盆、盛具。

2. 材料（每组）：

猪肠 1 根。

【作业与思考】

1. 清洗猪肠的方法有哪些？

2. 如何判断猪肠是否新鲜？

3. 了解猪肠的构造及烹调用途。

【实训项目 4】

清洗猪肺

【实训目的】

1. 以猪肺为例掌握家畜内脏加工的基本方法。

2. 掌握猪肺加工的操作方法和技术要领。

【技术理论与原理】

1. 新鲜的猪肺为粉红色,呈海绵状,质软而轻,富有弹性。变质的肺色灰绿,带异臭味,无弹性、无光泽,不可食用。

2. 清洗猪肺采用灌洗法,即将清水灌进脏内,当挤出水分时把污物同时带出的方法。因为肺中的气管和支气管组织复杂,气泡多,里面的污物、血污不易从外部清洗,所以要采用灌洗法来清洗。

【实训方法】

1. 工艺流程:

注清水→挤出脏物→飞水→洗净→放置。

2. 操作过程及方法:

猪肺清洗:将猪肺的硬喉连接水龙头,将清水灌入猪肺内至发胀,然后将猪肺放下,用手按压,使灌入肺内的水及肺内的血污、泡沫一齐挤出(可以在猪肺表面用刀划出一些开口,加速污血的排出)。反复灌洗4至5次,直至肺叶转白色为止。

【实训组织】

1. 老师演示(操作示范:清洗猪肺)。
2. 学生实训(清洗猪肺,2人一组)。
3. 老师点评(小结,评分)。

【实训准备】

1. 工具:

刀具、砧板、水盆、盛具。

2. 材料(每组):

猪肺1个。

【作业与思考】

1. 如何清洗猪肺?
2. 灌洗法的技术原理是什么?
3. 如何鉴别猪肺的质量?

模块四　干货涨发实训

一、植物性干货涨发

【实训项目1】

涨发冬菇

【实训目的】

1. 以冬菇为例掌握植物类干货的涨发方法。
2. 掌握干货涨发方法中水发的原理。
3. 识别冬菇的种类和品质。

【技术理论与原理】

1. 水发是把干货原料放在水中达到涨发目的的方法。它利用水的渗透作用，使干货原料重新吸收水分，尽量恢复其原有状态，并使其质地柔软。大部分的干货原料，无论使用哪种涨发方法，都会经过水发这一过程。可见水发是干货涨发最普遍、最基本的方法。
2. 水发又可分为冷水发、热水发和碱水发三种。其中热水发又分为泡、焗、煲、蒸四种方法。冬菇涨发使用热水发泡的方法。
3. 如果是新的花菇或北菇，浸菇的水可以留用。
4. 发好冬菇的质量要求是内外柔软、透心、无沙。
5. 冬菇涨发的净料率为350%。

【实训方法】

1. 工艺流程：

泡→剪蒂→洗净。

2. 操作过程及方法：

将冬菇放进约35摄氏度的热水中浸泡约20分钟至软，剪去蒂部，用清水洗净。

【实训组织】

1. 老师演示（操作示范：涨发冬菇）。

2.学生实训(涨发冬菇,2 人一组)。

3.老师点评(小结,评分)。

【实训准备】

1.实训工具:

水盆、盛具。

2.实训材料(每组):

干冬菇 50 克。

【作业与思考】

1.菌类干货一般用什么涨发方法?

2.如何判断冬菇是否涨发好?

3.认识冬菇的品种质量。

学生实训评价表　　　　　　　　　　　年　　月　　日

班别		姓名		学号	
实训项目	涨发冬菇		老师评语		
评价内容	配分	实际得分			
涨发程度	70				
干净状况	30				
总分			老师签名:		

【实训项目2】

涨发木耳、云耳、黄花菜(金针菜)

【实训目的】

1.以木耳、云耳、黄花菜为例掌握植物类干货的涨发方法。

2.掌握干货涨发方法中水浸发的原理。

3.识别木耳与云耳的外形特征。

【技术理论与原理】

1.冷水发中浸发的原理是:把原料放入清水中,利用水的渗透作用,使其自然吸水变软恢复原状。木耳、云耳、黄花菜就是使用冷水浸发的涨发方法。

2.在浸的过程中,既要使干货原料充分涨发达到烹调要求,也要注意不能过长时间浸泡,以免造成原料失味。

3. 原料发好的质量要求是内外柔软、干净、无沙。

4. 木耳、云耳、黄花菜涨发后的净料率分别为 550％、600％、300％。

【实训方法】

1. 工艺流程：

清水浸→洗剪干净→换水再浸。

2. 操作过程及方法：

木耳、云耳：放入清水中浸约 2 小时,将泥沙木屑剪洗干净,用清水再浸半小时至软透即可。

黄花菜：将硬蒂剪去,放进清水盆内浸约半小时至软透,洗净即可。

【实训组织】

1. 老师演示(操作示范：涨发木耳、云耳、黄花菜)。

2. 学生实训(涨发木耳、云耳、黄花菜,2 人一组)。

3. 老师点评(小结,评分)。

【实训准备】

1. 实训工具；

水盆、盛具。

2. 实训材料(每组)：

木耳、云耳、黄花菜各 30 克。

【作业与思考】

1. 涨发木耳、云耳、黄花菜用什么方法？

2. 如何区分木耳与云耳？

3. 了解木耳、云耳、黄花菜的产地、品种与营养价值。

【实训项目 3】

涨发雪耳、玉兰片

【实训目的】

1. 以雪耳、玉兰片为例掌握植物类干货的涨发方法。

2. 掌握植物干货涨发方法中浸焗发的原理。

3. 学会区分两种干货涨发的不同点。

【技术理论与原理】

1. 水发中的浸焗发是干货涨发加工的综合方法。它是由浸发与焗发结合使用的涨发法。浸焗发的操作关键是要根据原料的性能掌握好焗的水温和原料是否已焗至柔软适度。

2. 玉兰片是以鲜嫩的冬笋或春笋为原料,经干制加工而成的制品。玉兰片的品质以色泽洁白、无霉点、无黑斑、片小肉厚、节密、质地坚脆鲜嫩、无杂质者为佳。

3. 涨发雪耳和玉兰片是以浸焗法为理论指导,原料发好的质量要求是内外柔软,干净无杂质。

4. 雪耳涨发后的净料率为:一级600%、二级500%;玉兰片涨发后的净料率为200%。

【实训方法】

1. 工艺流程:

清水浸→洗净→沸水焗。

2. 操作过程及方法:

雪耳:先用清水浸约2小时,洗剪干净,去净头部木屑,再加入沸水焗至软透便可。如果色泽带黄,可加入少许白醋稍浸后搓洗,再用清水漂洗就可增白。

玉兰片:用清水浸约4小时,然后放在盆中,加入沸水焗三四次,直至身软。

【实训组织】

1. 老师演示(操作示范:涨发雪耳、玉兰片)。

2. 学生实训(涨发雪耳、玉兰片,2人一组)。

3. 老师点评(小结,评分)。

【实训准备】

1. 实训工具:

热水锅、水盆、盛具。

2. 实训材料(每组):

雪耳、玉兰片各50克,白醋适量。

【作业与思考】

1. 涨发雪耳、玉兰片的方法有何区别?

2. 了解雪耳、玉兰片的产地、品种与营养价值。

【实训项目4】

涨发干白莲子

【实训目的】

1. 以干白莲子为例掌握植物类干货的涨发方法。

2. 掌握植物干货涨发方法中浸蒸发的原理。

3. 掌握干莲子的发制方法和工艺要领。

【技术理论与原理】

1. 水发干货是利用水的浸润作用和原料自身的吸水作用,使干货吸收水分膨润涨发。

水发又可分为冷水发、热水发和碱水发三种。其中热水发又分为泡、焗、煲、蒸四种方法。

2.蒸发是将干货先用清水洗净和稍浸后放入器皿内,加入沸水和某些调味料,用蒸汽加热使干货吸水回软。此方法有利于保持原料形态,适合一些外形易碎的干货原料。干莲子的涨发适用蒸发的方法。

3.干莲子涨发的质量要求是莲子够烩(粤菜术语,形容一种火候),外形完好。

4.干莲子涨发后的净料率为200%。

【实训方法】

1.工艺流程:

清水浸→去莲芯→沸水蒸→或再加糖略炖。

2.操作过程及方法:

用清水浸约1小时或用热水泡半小时,捅去莲芯,用器皿盛住加入沸水蒸约30分钟至够烩。如果用于甜品,则加入白糖再略炖。

【实训组织】

1.老师演示(操作示范:涨发干白莲子)。

2.学生实训(涨发干白莲子,2人一组)。

3.老师点评(小结,评分)。

【实训准备】

1.实训工具:

热水锅、水盆。

2.实训材料(每组):

干白莲子50克。

【作业与思考】

1.涨发干白莲子为何要去芯?

2.了解莲子的产地与营养价值。

【实训项目5】

涨发竹荪

【实训目的】

1.掌握竹荪涨发的方法。

2.认识竹荪的品质。

【技术理论与原理】

1.竹荪是竹荪菌实体的干制品,由菌盖、菌幕和菌柄组成,均成网状,菌柄中空,以色泽浅黄、长短均匀、质地细软、气味清香为好。

2.竹荪涨发采用冷水发法。操作原理是利用水的浸润作用,将竹荪浸透,使其吸水膨胀回软。

3.竹荪涨发的质量要求是内外柔软、干净。

4.竹荪涨发后的净料率为700%(连花)。

【实训方法】

1.工艺流程:

清水浸→洗净整形→漂洗。

2.操作过程及方法:

用清水浸约1小时,洗净泥沙,整理外形。如色泽带黄,可用白醋浸约10分钟后,漂洗干净,使其增白。

【实训组织】

1.老师演示(操作示范:涨发竹荪)。

2.学生实训(涨发竹荪,2人一组)。

3.老师点评(小结,评分)。

【实训准备】

1.实训工具:

水锅、水盆。

2.实训材料(每组):

竹荪50克、白醋适量。

【作业与思考】

1.雪耳和竹荪在涨发工艺上有何区别?

2.了解竹荪的品质鉴定方法。

二、动物性干货涨发

【实训项目1】

涨发鱿鱼

【实训目的】

1.以干鱿鱼涨发为例掌握动物类干货的涨发方法。

2. 掌握干货原料碱水涨发的原理、特点和方法。

3. 识别鱿鱼的种类和品质。

【技术理论与原理】

1. 水发干货是利用水的浸润作用和原料自身的吸水作用,使干货吸收水分膨润涨发。水发又可分为冷水发、热水发和碱水发三种。碱水发就是将干品原料先放入冷水中浸泡回软,再放入一定比例的碱液浸泡相当时间,使干品原料吸收水分而膨大,恢复新鲜状态的过程。

2. 常用的用于浸泡的碱液有纯碱液和枧水两种。不管是纯碱液涨发还是枧水涨发干制品,它们的涨发原理都是相同的。碱发是靠碱溶液的强腐蚀性和脱脂性来破坏干制品的坚硬表面,使其能够吸收水分,恢复新鲜状态,从而达到涨发的目的。

3. 碱水发只适用于一些特别坚韧、用一般浸发方法不能完全涨发的干货原料,例如鱿鱼、墨鱼、海参、鲍鱼等。

4. 碱水发的技术要领是:

(1) 必须根据原料质地性能确定用碱分量,不能过多。

(2) 掌握碱水浸发的时间,透身即可。

(3) 碱水涨发前,一定要用清水浸泡软。

(4) 涨发后必须用清水漂去碱味。

5. 涨发的质量要求是充分回软,干净,无异味。

6. 干鱿鱼涨发后的净料率为150%。

【实训方法】

1. 工艺流程:

清水浸→去外衣、嘴眼、软骨→碱水泡→漂洗干净。

2. 操作过程及方法:

(1) 将干鱿鱼用清水浸约 2 小时,去掉外衣、嘴眼和软骨,洗净。未透身的可再浸至透身为止。

(2) 如鱿鱼质厚老韧,可在浸 1 小时后加入纯碱浸约 20 分钟,然后漂水约 1 小时至去净碱味便可(500 克水下纯碱 25 克,也可用枧水腌制)。

(3) 发好的鱿鱼的鉴别方法是:柔软通透,用指甲掐入较顺利。

【实训组织】

1. 老师演示(操作示范:涨发鱿鱼)。

2. 学生实训(涨发鱿鱼,4 人一组)。

3. 老师点评(小结,评分)。

【实训准备】

1. 实训工具：

水锅、水盆。

2. 实训材料(每组)：

干鱿鱼 150 克、纯碱 5 克。

【作业与思考】

1. 碱水发的工艺原理是什么？

2. 如何判断干鱿鱼是否涨发好？

3. 比较不同品种的干鱿鱼的质量。

学生实训评价表　　　　　　　　　年　　月　　日

班别		姓名		学号	
实训项目	涨发干鱿鱼		老师评语		
评价内容	配分	实际得分			
涨发程度	60				
干净状况	20				
气味醇正	20				
总分			老师签名：		

【实训项目2】

涨发虾干、干贝(瑶柱)

【实训目的】

1. 以虾干、干贝涨发为例掌握动物类干货的涨发方法。

2. 掌握干货原料蒸发的原理和方法。

3. 掌握虾干、干贝的品质鉴别。

【技术理论与原理】

1. 热水发：热水发就是将干货原料经冷水浸发后，再放入热水中胀发回软的方法。热水发主要是利用热力的加速渗透、热胀等作用使干货原料中的蛋白质、纤维素吸水回软。热水能在涨发过程中改变原料的质地，变硬为软，变老韧为松嫩。温度越高，加温时间越长，其作用就越大。一些坚硬、老韧、胶质较重的动物干货原料必须使用热水发才能使其回软。使用热水发法，要根据原料的性能，区分选用泡、焗、煲、蒸等具体发法，并掌握好温度和加温时

间,才能达到好的涨发效果。

2.蒸发:是热水发的一种,即将干货原料洗净或稍浸后放入器皿内,加入汤水和调味料,用蒸汽加热使其回软的方法。蒸发就是利用连续高温热水使原料充分涨发,而且蒸还有一个特点,就是使涨发的原料不失味和散碎,较好地保持原味和原状。

3.蒸发适合如瑶柱、虾干、带子等易碎烂又不能失味的海味干货原料的涨发。蒸发操作比较简便,主要是要掌握好蒸的时间和原料的涨发"身度"。干贝如果用于煲、炖则不需要蒸。

4.涨发的质量要求是透心、干净、持香气和鲜味。

5.虾干涨发后的净料率为150%,干贝涨发后的净料率为150%。

【实训方法】

1.工艺流程:

清水浸→洗净(剥枕)→放入器皿→加入姜葱(料酒)→蒸。

2.操作过程及方法:

(1)虾干:

用清水浸约10分钟后洗净,用器皿盛装,加入沸水浸过面,放上姜片、葱条蒸约10分钟即可。

(2)干贝

用清水浸约10分钟,剥去边枕洗净,用器皿盛装,加入沸水浸过面,放上姜片、葱条、料酒蒸约1小时,以能用手轻按便松动即可。

【实训组织】

1.老师演示(操作示范:涨发虾干、干贝)。

2.学生实训(涨发虾干、干贝,4人一组)。

3.老师点评(小结,评分)。

【实训准备】

1.实训工具:

水锅、水盆、蒸柜。

2.实训材料(每组):

虾干、干贝各100克,生姜、葱各5克,料酒适量。

【作业与思考】

1.蒸发的工艺原理是什么?

2.如何鉴别虾干、干贝是否涨发好?

3.涨发虾干、干贝为何要加入姜、葱和料酒?

学生实训评价表　　　　　　　　　年　月　日

班别		姓名		学号	
实训项目		涨发干贝		老师评语	
评价内容	配分	实际得分			
涨发程度	60				
气味醇正	20				
外形完整	20				
总分			老师签名:		

【实训项目3】

涨发蚝豉

【实训目的】

1. 加强对干货浸焗涨发方法的学习。
2. 掌握涨发蚝豉的技术要领。
3. 学会对蚝豉品质的鉴别。

【技术理论与原理】

1. 水发中的浸焗发是干货涨发加工的综合方法。它是由浸发与焗发结合使用的涨发法。浸焗发的操作关键是要根据原料的性能掌握好焗的水温和原料是否已焗至柔软适度,水温以70～90摄氏度为宜。蚝豉适用于浸焗涨发。

2. 蚝豉涨发的质量要求是内外完全回软,无壳屑和泥沙,色清干净,气味清鲜透心。

3. 蚝豉涨发后的净料率为150%。

【实训方法】

1. 工艺流程:

清水浸→沸水焗→清洗→沸水煮。

2. 操作过程及方法:

(1) 发干蚝:先用清水浸4小时,洗净,然后用沸水焗约30分钟,待水凉后去掉残留的壳屑及泥沙,再用沸水滚过便可。

(2) 发湿蚝:先用清水浸约2小时,洗净,去壳屑、泥沙,再用沸水滚过便可。

【实训组织】

1. 老师演示(操作示范:涨发蚝豉)。

2.学生实训(涨发蚝豉,4人一组)。

3.老师点评(小结,评分)。

【实训准备】

1.实训工具:

水锅、水盆。

2.实训材料(每组):

干蚝豉100克。

【作业与思考】

1.简述蚝豉的涨发过程?

2.如何鉴别蚝豉是否涨发好?

【实训项目4】

涨发海参

【实训目的】

1.以涨发海参为例,认识和掌握干货涨发的各种传统方法和创新方法。

2.掌握涨发海参的技术方法。

3.认识海参的种类、品质和营养价值。

【技术理论与原理】

1.干货原料种类繁多、性能各异,往往不是用一种方法就可以完成其涨发过程。因此,要掌握好每一种涨发方法的原理和作用,根据各种干货原料的性能和干制特点区别对待、灵活运用。

2.浸焗法:即通过冷水浸和沸水反复焗的方法。浸是为了使原料吸水回软便于以后的焗;焗主要是去掉原料的杂质、异味,并使其进一步吸水回软。

3.浸焗煲发:这是浸发、焗发和煲发结合在一起使用的涨发加工方法。一些较为坚硬、老韧,而且杂质、异味较重的原料,经浸、焗都未能达到涨发要求,就要进行煲的处理。通过煲可以把坚硬、老韧的原料变得松嫩软滑,同时,也能去除原料中的杂质和异味,使原料符合切配、烹调和食用的要求。浸焗煲发适用于涨发鱼翅、海参、鱼唇等海味干货原料。这种方法操作过程比较复杂、关键环节也比较多,操作难度大。

4.烧浸煲焗发:烧就是火发,烧浸煲焗发就是先用火发然后再浸、煲、焗,四种方法一起结合使用。一些有毛发和表皮异味较重又不易去掉的干货原料,如海参就要采用这种方法。

5.海参涨发的质量要求是:质地柔软,爽滑不韧,有弹性,不泻身(肉质溶解),干净色洁,无灰味,无杂质。

【实训方法】

1. 工艺流程：

（1）清水浸→沸水焗→反复焗漂多次→清理皮肚杂质→无灰味够身。

（2）清水浸→碱水焗→清理皮层杂质→煲焗→浸煲焗漂反复多次→清理肚肠杂质→无灰味够身。

（3）烧表皮→清水浸→刮净表皮→沸水焗→滚水煲1次→焗漂反复多次→清理皮肚杂质→无灰味够身。

2. 操作过程及方法：

海参的涨发加工可以根据品种质地不同采用以下三种方法：

（1）浸焗法：将海参放在清水中浸约8小时后，转放入沸水中焗至水冷，取出漂水约2小时，再焗，反复多次，以焗为主，漂浸结合，直至海参无异味和够身。要清除海参肚内沙石杂质，保留肠子，用清水漂浸待用，用时再撕去海参肠。

（2）浸焗煲法：用清水浸12小时后，转放入瓦盆或瓦煲内，加入沸水和枧水（500克清水，25克枧水）焗约1小时，洗净，漂浸约2小时。再用清水慢火煲焗约2小时，取出漂浸约8小时。反复煲焗漂浸二三次，直至去净灰臭味和够身为止。洗干净肚内泥沙，保留海参肠，用清水漂浸待用。用时撕去海参肠。煲焗时注意检查海参，如果有够身的海参则提前取出漂水。

（3）烧浸煲焗法：将海参放在炉火上慢火烧烤至表皮焦干，然后用小刀将表皮轻轻刮去，放入清水中浸约8小时，取出加入沸水煲焗约2小时，反复换水煲焗，直到去掉灰臭味和够身为止，洗净肚内沙石。每次煲焗中间，要用清水浸漂4小时。

【实训组织】

1. 老师演示（操作示范：涨发海参，2天完成）。

2. 学生实训（涨发海参，分成大组，2天完成）。

3. 老师点评（小结，评分）。

【实训准备】

1. 实训工具：

水锅、水盆、水煲。

2. 实训材料（每组）：

海参150克、枧水适量。

【作业与思考】

1. 海参有几种涨发方法？

2. 保管发好的海参要注意什么？

3. 涨发好的海参净料率是多少？

【实训项目5】

涨发鲍鱼

【实训目的】

1. 掌握涨发鲍鱼的技术方法。
2. 认识鲍鱼的种类、品质和营养价值。

【技术理论与原理】

1. 浸焗煲发,是浸发、焗发和煲发结合在一起使用的涨发加工方法。一些较为坚硬、老韧,而且杂质异味较重的原料,经浸、焗都未能达到涨发要求,就要进行煲的处理。通过煲可以把坚硬、老韧的原料变得松嫩软滑,同时,也能去除原料中的杂质和异味,而使干货原料符合切配、烹调和食用的要求。

2. 根据干鲍鱼的性能质地,适宜用浸焗煲法来进行涨发。

3. 涨发鲍鱼的过程中要注意掌握煲的时间,在煲焗时还要注意在煲底垫上竹笪子,以免原料粘底焦煳。

4. 干鲍鱼涨发的质量要求是:质地软滑不韧,有弹性,色泽鲜明,气味芳香,味道鲜美。

【实训方法】

1. 工艺流程:

清水浸→慢火煲→砂锅煲焗→燂→汤水浸备。

2. 操作过程及方法:

将鲍鱼用清水浸6~8小时,用软刷洗擦干净,放入砂锅内用中慢火煲约3小时,连水带料倒入真空煲内焗约8小时(若加入一定量冰糖,效果更佳)。煲焗后的鲍鱼还要用肉料燂。燂能让鲍鱼吸收其他滋味和进一步涨发。

【实训组织】

1. 老师演示(操作示范:涨发鲍鱼,2天完成)。
2. 学生实训(涨发鲍鱼,分成大组,2天完成。或只看示范)。
3. 老师点评(小结,评分)。

【实训准备】

1. 实训工具:

水锅、水盆、砂锅。

2. 实训材料(每组):

干鲍鱼100克。

【作业与思考】

1. 干鲍鱼如何涨发加工?
2. 如何判断鲍鱼是否涨发好?
3. 涨发好的鲍鱼净料率是多少?

【实训项目6】

涨发鱼白(花肚)

【实训目的】

1. 以涨发鱼白为例掌握油发鱼肚类的原理方法。
2. 认识鱼肚的种类、品质和营养价值。

【技术理论与原理】

1. 油发:又称为炸发,就是用油将干货原料炸透,使其达到膨胀、疏松、香脆的方法。油发干料是通过油的传热,使一些胶质比较重的动物干货原料,如鱼肚、花胶、蹄筋等在较高油温作用下,干料中的结合水受热汽化膨胀和蛋白质胶体颗粒受热后产生膨胀并定型,经水浸润后便可回软。

2. 油发过程一般是先用温油浸炸,再用热油炸至膨起,使原料变得疏松香脆,比原来体积增大几倍,再用水浸发后,变得松软香滑。

3. 油发的关键在于掌握好几点,其中包括原料落锅油温,浸炸过程的油温和时间,原料捞起的油温,原料涨发的程度等,油温会因原料质地性能不同而有所区别,油温掌握不好,涨发质量便会差,甚至完全失败。油发的操作具有一定的难度。

4. 鱼白经炸发后,称为花肚。涨发的质量要求是:炸好的鱼白色泽浅黄,起发通透;水发好的鱼白充分疏松,手感爽滑有弹性,色白洁净,无油腻味。

【实训方法】

1. 工艺流程:
撕开鱼白→慢油下锅→热油浸炸→捞起晾油→清水浸漂→揸洗干净。

2. 操作过程及方法:

(1) 先将鱼白逐件撕开,油温约90摄氏度时,放入鱼白,用笊篱压住,并不断翻动,使其受热均匀,炸至鱼肚通透起发。(注意:下锅油温不能太低,一旦下锅油温过低,鱼白吸油软化后受热收缩,则无法再膨胀起发。由于鱼白较薄,比较容易涨发,油温过高时要采取端离火位或加入冻油的方法来加以控制)

(2) 把炸好晾干油的鱼白放入清水盆内浸泡至身软,反复几次用手轻轻揸洗,直至去清油脂。如色泽较黄,可加入少许白醋搓洗,反复漂洗至色泽洁白干净。

【实训组织】

1. 老师演示(操作示范:涨发鱼白)。
2. 学生实训(涨发鱼白,2人一组)。
3. 老师点评(小结,评分)。

【实训准备】

1. 实训工具:

水盆、油锅、油盆、盛具。

2. 实训材料(每组):

鱼白50克、生油2000克、白醋适量。

【作业与思考】

1. 涨发鱼白的技术关键是什么?
2. 如何判断鱼白是否涨发好?
3. 涨发好的各种鱼肚净料率是多少?

学生实训评价表　　　　　　　年　　月　　日

班别		姓名		学号	
实训项目	涨发鱼白		老师评语		
评价内容	配分	实际得分			
涨发程度	60				
色泽洁白	20				
气味醇正	20		老师签名:		
总分					

【实训项目7】

涨发蹄筋

【实训目的】

1. 通过涨发蹄筋巩固对热油发干货的工艺技术掌握。
2. 掌握蹄筋涨发的方法和技巧。
3. 认识蹄筋的种类、品质和营养价值。

【技术理论与原理】

1. 油发干料是通过油的传热,一些胶质比较重的动物干货原料,如鱼肚、花胶、蹄筋等在较高油温作用下,干料中的结合水受热汽化膨胀和蛋白质胶体颗粒受热后产生膨胀并定型,经水浸润后便可回软。

2. 油发过程一般是先用温油浸炸,再用热油炸至膨起,使原料变得疏松香脆,比原来体积增大几倍,再用水浸发后,变得松软香滑。油发的蹄筋体积膨大,质地松软,口感嫩滑。

3. 油发的关键在于掌握好几点,其中包括原料落锅油温,浸炸过程的油温和时间,原料捞起的油温,原料涨发的程度等,油温会因原料质地性能不同而有所区别,油温掌握不好,涨发质量便会差,甚至完全失败。油发的操作具有一定的难度。

4. 蹄筋有猪蹄筋、羊蹄筋、牛蹄筋、鹿蹄筋、驼蹄筋等,涨发方法基本相同,只是由于各种蹄筋粗细、大小、质地不一样,炸发时的油温和炸发时间有所不同。

5. 蹄筋涨发的质量要求是:涨发透心,质地爽滑有弹性,色泽洁白,无油腻,无异味。

【实训方法】

1. 工艺流程:
下油锅→升油温浸炸→清水浸漂→揸洗干净。

2. 操作过程及方法:

将锅内的油烧热至约 70 摄氏度,放入蹄筋,用慢火使油温逐渐升高。随着油温的升高,蹄筋也逐渐膨胀发大,浸炸至蹄筋涨发透身便可捞起。在浸炸过程中,油温如超过 150 摄氏度便要端离火位或加入冻油,继续浸炸至透。当蹄筋浮起可用笊篱压住,使蹄筋淹没在油中,并不时翻动,使其受热均匀。

炸发后的蹄筋晾干后放清水中浸发,并揸去油脂。色泽发黄的可加入白醋揸透后漂水,至色清干净即可。

【实训组织】

1. 老师演示(操作示范:涨发蹄筋)。
2. 学生实训(涨发蹄筋,2 人一组)。
3. 老师点评(小结,评分)。

【实训准备】

1. 实训工具:
水盆、油锅、油盆、盛具。
2. 实训材料(每组):
蹄筋 100 克、生油 2000 克、白醋适量。

【作业与思考】

1. 涨发蹄筋的技术关键是什么?
2. 如何判断蹄筋是否涨发好?
3. 涨发好的各种蹄筋净料率是多少?

模块五 半成品制作实训

一、馅料制作

【实训项目1】

制作虾胶

【实训目的】

1. 学习虾胶制作的基本方法。
2. 掌握制作虾胶的工艺原理和技术要领。

【技术理论与原理】

1. 虾胶是粤菜烹调中常用的名贵馅料,又名"百花胶"。它既可与多数原料搭配使用,也可以作为主料独立成菜,烹调方法及品种多样。

2. 打制虾胶多选用淡水鲜虾,尤以大、中虾为好,也可以用咸水虾。

3. 虾胶制作工艺非常讲究,诸多环节都会影响虾胶的成品质量,操作过程中必须注意遵循要领。

4. 虾胶的质量标准为:呈浅粉红色透明状,黏性好;熟后结实,口感爽滑有弹性,味道清香鲜美。

【实训方法】

1. 原料配方:
虾仁肉 500 克、肥肉 75 克、精盐 5 克、味精 6 克。

2. 操作过程及方法:

（1）用刀将肥肉切成约 0.5 平方厘米粒状,放进冰柜冷藏。

（2）将虾仁洗净（去除壳及污物）,用洁净白毛巾吸干水分。

（3）将虾仁放在干爽砧板上,先用刀挎烂,再用刀背剁成蓉状,放入盆中。

（4）加入盐、味精,搅拌至起胶后,加入蛋白,再搅拌至虾仁有黏性。

（5）加入肥肉粒拌匀,放入保鲜盒内,放进冰柜冷藏 2 小时。

3.制作要领：

（1）虾仁要新鲜洗净，用毛巾吸干水分。

（2）砧板要干净，切忌有姜、蒜、葱等异味。

（3）打制时应顺一个方向搅擦，切忌顺逆方向兼施。手法以搅擦为主，挞为辅，用力均匀。

（4）肥肉一定要先冷冻，下肥肉粒后不宜搅拌过长时间，以免造成肥肉脂肪泻出，影响胶性。

（5）打制后要及时放入冰柜冷藏。

（6）原料配方要准确。

【实训组织】

1.老师演示（操作示范：打制虾胶）。

2.学生实训（打制虾胶，4人一组）。

3.老师点评（小结，评分）。

【实训准备】

1.实训工具：

菜刀、砧板、毛巾、钢盆、开水锅、保鲜盒。

2.实训材料（每组）：

吸干水分的干净鲜虾仁 500 克、肥肉 75 克、味精 6 克、盐 5 克。

【作业与思考】

1.简述制作虾胶的工艺过程。

2.制作虾胶要注意哪些关键的技术要领？

3.虾胶加入肥肉的作用是什么？

学生实训评价表 　　　　年　　月　　日

班别		姓名		学号	
实训项目		制虾胶		老师评语	
评价内容	配分	实际得分			
成蓉程度	30				
起胶状态	70				
总分				老师签名：	

【实训项目2】

制作鱼青

【实训目的】

1. 学习鱼青制作的基本方法。

2. 掌握制作鱼青的工艺原理和技术要领。

【技术理论与原理】

1. 蓉状馅料用途广泛,成型多变,能改变原料原有的口感滋味,丰富菜式品种。

2. 原料加工成蓉状后,其组织结构会发生极大的变化。因此,加工过程中要充分掌握原料物理、化学性质变化的规律,做到扬长避短。

3. 制作鱼青以选用鲮鱼肉为佳,其次是鲩鱼肉。鱼青制作工艺讲究,诸多环节都会影响其成品质量,操作过程中必须注意遵循要领。

4. 鱼青的质量标准为:色泽鲜明,胶性大;熟后结实,色泽洁白,口感爽滑有弹性,味道鲜美。

5. 制好的鱼青一般可挤成鸡腰形鱼青丸或鱼丝等形状。

【实训方法】

1. 原料配方:

有皮鲮鱼肉 1500 克(刮净、压干水分得鱼蓉 500 克)、蛋清 100 克、精盐 10 克、味精 5 克、生粉 10 克。

2. 制作过程及方法:

(1)将鲮鱼肉放在砧板上,用刀从尾至头轻力刮出鱼蓉,直到鱼肉见红赤色为止。

(2)将刮出的鱼蓉用洁净白毛巾包着,用清水洗净,并吸干水分(此工序可以增加鱼青的洁白度,但是也会导致营养成分的流失,可选择性使用。)

(3)将压干水分的鱼蓉放进刮净的砧板上,剔净鱼骨刺,用刀背剁鱼蓉至匀滑,放进小盆内。

(4)将精盐、味粉加入鱼蓉内,拌擦至起胶后,再加入蛋清和生粉,边拌边挞至起胶有弹性便可。

(5)将打好的鱼青放进保鲜盒内,放入冰柜冷藏 2 小时。

3. 制作要领:

(1)要选用新鲜的鲮鱼肉,吸干水分,刮鱼蓉时不应带有鱼瘦肉(赤色鱼肉)。

(2)砧板要干净,鱼蓉要剁得匀滑,不起粒状,不带骨刺。

(3)打制时应顺一个方向搅拌,不要顺逆方向兼施。以挞为主,挞的力量要足且均匀。

(4)打制后要及时放入冰柜冷藏保管。

(5)原料配方要准确。

【实训组织】

1. 老师演示(操作示范:打制鱼青)。

2. 学生实训(打制鱼青,4人一组)。

3. 老师点评(小结,评分)。

【实训准备】

1. 实训工具:

菜刀、砧板、毛巾、钢盆、开水锅、保鲜盒。

2. 实训材料(每组):

有皮鲮鱼肉1500克(刮净、压干水分得鱼蓉500克)、蛋清100克、精盐10克、味精5克、生粉10克。

【作业与思考】

1. 简述制作鱼青的工艺过程。

2. 制作鱼青要注意哪些关键的技术要领?

3. 打制鱼青时为何要先加入盐、味精打制后再加入其他原料?

【实训项目3】

制作鱼胶

【实训目的】

1. 学习鱼胶制作的基本方法。

2. 掌握制作鱼胶的工艺原理和技术要领。

【技术理论与原理】

1. 蓉状馅料用途广泛,成形多变,能改变原料原有的口感滋味、丰富菜式品种。

2. 制作鱼胶以选用鲮鱼肉为佳,其次是鳙鱼肉。

3. 鱼胶可以根据风味的需要添加其他辅料,如发菜、冬菇、虾米等。制好的鱼胶一般可挤成圆形鱼丸或根据需要而定,用途广泛。

4. 鱼胶的质量标准为:色泽灰白,匀滑带光泽,胶黏度大;熟后结实,色泽灰白,口感爽滑弹性好,味道鲜美。

【实训方法】

1. 原料配方:

去皮鲮鱼肉500克、清水50克、精盐10克、味精5克、生粉50克、胡椒粉1克。

2.制作过程及方法:

(1)将鲮鱼肉放入绞肉机内绞烂成鱼蓉状。

(2)将鱼蓉放入盆里,加入盐、味精搅擦拌匀,然后边拌边挞,直至起胶。

(3)把生粉、胡椒粉加入清水和匀倒入鱼胶内,边倒边拌直至均匀,再重新挞起胶即可。

(4)将打好的鱼胶放进保鲜盒内,放入冰柜冷藏保管。

3.制作要领:

(1)要选用新鲜的鱼肉,吸干水分。

(2)绞肉机要干净,无异味。

(3)鱼肉绞前要冷冻,避免绞时发热影响质量;鱼肉要绞成蓉状不起粒。

(4)打制时应顺一个方向搅拌,不要顺逆方向兼施。手法以挞为主,多挞则爽。

(5)原料配方要准确。

【实训组织】

1.老师演示(操作示范:打制鱼胶)。

2.学生实训(打制鱼胶,4人一组)。

3.老师点评(小结,评分)。

【实训准备】

1.实训工具:

绞肉机、毛巾、钢盆、开水锅、保鲜盒。

2.实训材料(每组):

去皮鲮鱼肉500克、清水50克、精盐10克、味精5克、生粉50克、胡椒粉1克。

【作业与思考】

1.简述制作鱼胶的工艺过程。

2.制作鱼胶要注意哪些关键的技术要领?

3.打制鱼胶为何要后加入生粉浆水?

【实训项目4】

制作鱼腐

【实训目的】

1.学习鱼腐制作的基本方法。

2.掌握制作鱼腐的工艺原理和技术要领。

【技术理论与原理】

1.制作鱼腐以选用鲮鱼肉为佳,其次是鳙鱼肉。

2.鱼腐的质量标准为:蛋黄色糊状,匀滑;熟后呈小圆饼形,色泽金黄,有收缩皱纹,口感软滑略带弹性,味道鲜美。

【实训方法】

1.原料配方:

压干水分鱼青蓉 500 克、清水 500 克、蛋液 500 克、生粉 150 克、精盐 15 克、味精 5 克。

2.制作过程及方法:

(1)把生粉放进清水中和匀,待用。

(2)将鱼青蓉放入盆里,加入盐、味精搅擦拌匀,然后边拌边挞,直至起胶。

(3)将蛋液分三次放进盆里,每次都要使蛋液与鱼青蓉充分搅拌均匀。

(4)按上法将调好的粉水也分三次拌入,使其成为糊状的鱼腐胶。

(5)把鱼腐胶挤成丸状,用 120 摄氏度油温炸至胀发浮起便成为鱼腐。

3.制作要领:

(1)要选用新鲜的鱼肉,吸干水分。

(2)鱼蓉要精细均匀,无骨刺、肉筋。

(3)加入盐、味精拌擦时手法以挞为主;加入蛋液和水粉时手法以搅拌为主。

(4)原料配方要准确。

(5)炸制时油温不能太高,鱼腐胀发浮起就可以捞出沥油。

【实训组织】

1.老师演示(操作示范:打制鱼腐)。

2.学生实训(打制鱼腐,4 人一组)。

3.老师点评(小结,评分)。

【实训准备】

1.实训工具:

绞肉机、毛巾、钢盆、油锅、盛具。

2.实训材料(每组):

压干水分鲮鱼肉 500 克、清水 500 克、蛋液 500 克、生粉 150 克、精盐 15 克、味精 5 克。

【作业与思考】

1.简述制作鱼腐的工艺过程。

2.制作鱼腐要注意哪些关键的技术要领?

3.制作鱼腐是否还有其他配方?

【实训项目5】

制作墨鱼胶

【实训目的】

1. 学习墨鱼胶制作的基本方法。

2. 掌握制作墨鱼胶的工艺原理和技术要领。

【技术理论与原理】

1. 墨鱼胶是粤菜烹调中常用的名贵馅料,又名"花枝胶"。它既可与多数原料搭配使用,也可以作为主料独立成菜,烹调方法及品种多样。

2. 制作墨鱼胶要选用新鲜墨鱼肉,放进盐水中浸泡可去除异味,然后洗净吸干水分。

3. 墨鱼胶的质量标准为:色泽较白带光泽,胶体匀滑黏度大;熟后色泽洁白,口感爽滑弹性好,味道鲜美。

【实训方法】

1. 原料配方:

净墨鱼肉 500 克、精盐 20 克、味精 5 克、蛋清 20 克、干淀粉 25 克、麻油 5 克、胡椒粉 1 克。

2. 制作过程:

(1) 将精盐 15 克放入 1000 克清水中溶解,放入墨鱼肉浸约 1 小时,再用清水洗净。

(2) 将墨鱼肉吸干水分后,用绞肉机绞烂成蓉状,放入小盆内。

(3) 加入精盐、味精,搅拌至起胶,再放入蛋清、生粉、胡椒粉、麻油拌挞至有黏性。

(4) 将打好的墨鱼胶放入保鲜盒内,及时放进冰柜冷藏保管。

3. 制作要领:

(1) 要选用新鲜的墨鱼肉,吸干水分,去净表面筋膜。

(2) 绞肉机要干净,无异味,墨鱼肉要充分绞烂成蓉状。

(3) 打制时应顺一个方向搅拌,不要顺逆方向兼施,手法以挞为主。

(4) 原料配方要准确。

(5) 打制后要及时放入冰柜冷藏。

【实训组织】

1. 老师演示(操作示范:打制墨鱼胶)。

2. 学生实训(打制墨鱼胶,4 人一组)。

3. 老师点评(小结,评分)。

【实训准备】

1.实训工具：

绞肉机、毛巾、钢盆、开水锅、保鲜盒。

2.实训材料（每组）：

净墨鱼肉 500 克、精盐 20 克、味精 5 克、蛋清 20 克、干淀粉 25 克、麻油 5 克、胡椒粉 1 克。

【作业与思考】

1.简述制作墨鱼胶的工艺过程。

2.制作墨鱼胶要注意哪些关键的技术要领？

3.打制前为何要用盐水浸泡墨鱼肉？

【实训项目 6】

制作猪肉胶

【实训目的】

1.学习猪肉胶制作的基本方法。

2.掌握制作猪肉胶的工艺原理和技术要领。

【技术理论与原理】

1.猪肉胶制作多选用去皮且以瘦肉为主的猪后腿肉,一般挤制成圆形丸状,烹调方法多样。

2.猪肉胶的质量标准为:色泽浅红带光泽,胶体匀滑黏度大;熟后色泽粉白略带红,口感爽滑弹性好,味道鲜美。

【实训方法】

1.原料配方：

去皮较瘦的猪后腿肉 500 克、精盐 6 克、味精 5 克、生粉 25 克、清水 50 克。

2.制作过程：

（1）将猪后腿肉用绞肉机绞成蓉状,用小盆盛装放入冰柜冷藏 30 分钟。

（2）从冰柜取出肉蓉,加入盐、味精和部分清水,搅拌挞至起胶。

（3）把余下清水与生粉调匀后倒入,边入边拌擦均匀即可。

（4）将打好的猪肉胶放入保鲜盒内,及时放进冰柜冷藏保管。

3.制作要领：

（1）要选用新鲜的猪肉,吸干水分。

（2）绞肉机要干净,无异味。

（3）猪肉绞前先要稍冷冻,以免绞肉时发热。绞好的猪肉蓉也要冷藏后再打制才容易起胶,尤其是肥肉较多的时候。

（4）打制时应顺一个方向搅拌,不要顺逆方向兼施,手法以擦和挞为主。

（5）原料配方要准确。

【实训组织】

1. 老师演示(操作示范:打制猪肉胶)。

2. 学生实训(打制猪肉胶,2 人一组)。

3. 老师点评(小结,评分)。

【实训准备】

1. 实训工具:

绞肉机、毛巾、钢盆、开水锅、保鲜盒。

2. 实训材料(每组):

去皮较瘦的猪后腿肉 500 克、精盐 6 克、味精 5 克、生粉 25 克、清水 50 克。

【作业与思考】

1. 简述制作猪肉胶的工艺过程。

2. 制作猪肉胶要注意哪些关键的技术要领?

3. 猪肉蓉打制前为何最好要先冷藏?

【实训项目7】

制作肉百花馅

【实训目的】

1. 学习制作肉百花馅的基本方法。

2. 掌握制作肉百花馅的工艺原理和技术要领。

【技术理论与原理】

1. 馅类原料用途广泛,成形多变,能改变原料原有的口感滋味,有较高的食用价值。馅料在烹调中还起着丰富菜式品种,改善原料风味和便于菜式烹制等作用。

2. 肉百花馅的质量标准为:色泽浅粉红带光泽,胶体匀滑黏度大;熟后色泽粉红,口感爽滑有弹性,味道鲜美。

【实训方法】

1. 原料配方:

虾胶 150 克、猪瘦肉 350 克、湿冬菇 50 克、精盐 5 克、味精 5 克、生粉 25 克。

2. 制作过程:

（1）冬菇洗净挤干水分,切成幼粒待用。

（2）将瘦肉剁成幼蓉粒状,放入小盆内,加入将盐、味精搅挞至起胶。

（3）加入生粉拌匀,再加入虾胶、冬菇粒拌至起胶。

（4）放入保鲜盒内冷冻保管。

3. 制作要点:

（1）要选用新鲜的瘦肉。

（2）肉粒不必剁得太烂。

（3）肉蓉粒要先打制加入生粉,然后再加入虾胶拌匀。

【实训组织】

1. 老师演示(操作示范:制作肉百花馅)。

2. 学生实训(制作肉百花馅,4 人一组)。

3. 老师点评(小结,评分)。

【实训准备】

1. 实训工具:

菜刀、砧板、钢盆、保鲜盒。

2. 实训材料(每组):

虾胶 150 克、猪瘦肉 350 克、湿冬菇 50 克、精盐 5 克、味精 5 克、生粉 25 克。

【作业与思考】

1. 简述制作肉百花馅的工艺过程?

2. 制作肉百花馅要注意哪些关键的技术要领?

3. 制作肉百花馅为何要先将猪肉蓉打制再放入虾胶?

【实训项目 8】

制作荔蓉馅

【实训目的】

1. 学习制作荔蓉馅的基本方法。

2. 掌握制作荔蓉馅的工艺原理和技术要领。

【技术理论与原理】

1. "荔浦"原是广西一地名,因其所产芋头出名,所以粤菜行业便将荔浦作为对芋头的代称,而"荔蓉"就是指用芋头制成的蓉。

2.制作荔蓉馅要选用比较粉糯的芋头,这样才能达到绵滑的口感。

3.荔蓉馅的质量标准为:馅体匀滑,粘连性好,配料分配均匀;成品口感软滑绵糯,滋味香腴。

【实训方法】

1.原料配方:

去皮芋头 300 克、猪油 30 克、叉烧 50 克、湿冬菇 30 克、精盐 3 克、味精 3 克、胡椒粉 1 克、麻油 2 克、生粉 50 克。

2.制作过程:

(1)把芋头切厚片蒸熟,用刀捹烂成蓉状。

(2)把叉烧、冬菇都切成粒。

(3)将芋蓉放进盆里,加入盐、味精、猪油、生粉,搓擦至匀滑有黏性。

(4)加入剩余材料搓擦均匀成团即可。

3.制作要领:

(1)要选用粉糯的芋头。

(2)芋头要蒸熟透,捹压匀细不起粒。

(3)原料配方要准确。

(4)制作时手法以搓擦为主。

【实训组织】

1.老师演示(操作示范:制作荔蓉馅)。

2.学生实训(制作荔蓉馅,4 人一组)。

3.老师点评(小结,评分)。

【实训准备】

1.实训工具:

菜刀、砧板、钢盆、蒸锅。

2.实训材料(每组):

去皮芋头 300 克、猪油 30 克、叉烧 50 克、湿冬菇 30 克、精盐 3 克、味精 3 克、胡椒粉 1 克、麻油 2 克、生粉 50 克。

【作业与思考】

1.简述制作荔蓉馅的工艺过程。

2.制作荔蓉馅要注意哪些关键的技术要领?

3.制作荔蓉馅还有什么配方?

学生实训评价表　　　　　　年　　月　　日

班别			姓名		学号	
实训项目	制作荔蓉馅			老师评语		
评价内容	配分	实际得分				
成蓉	30					
质感	40					
味道	20					
卫生	10					
总分				老师签名：		

【实训项目9】

制作八宝馅

【实训目的】

1. 学习制作八宝馅的基本方法。

2. 掌握制作八宝馅的工艺原理和技术要领。

【技术理论与原理】

1. "八宝"一般是指八种不同的原料,"八宝馅"就是八种材料做成的馅料,多用于制作"八宝鸭"等菜式。

2. 八宝馅的质量标准为:各种原料熟度均匀,滋味清鲜。

【实训方法】

1. 原料配方:

白莲子50克、百合20克、薏米25克、白果肉50克、板栗肉50克、湿冬菇20克、瘦肉粒50克、火腿肉10克、姜米5克、精盐4克、味精3克、胡椒粉1克、生油15克、生粉6克。

2. 制作过程:

(1)将莲子、百合、薏米分别用水浸透,白果用沸水滚熟。

(2)莲子去掉外衣和芯后蒸熟;栗子、薏米蒸熟。

(3)把瘦肉、冬菇、火腿肉都切成粒,瘦肉拌生粉后一起飞水。

(4)烧锅下油,爆香姜米,放入以上所有原料和盐、味精,溅酒炒匀,勾入薄芡即可。

3. 制作要领:

(1)莲子、薏米要蒸熟透。

(2)刀工均匀,原料要切成小粒。

（3）勾芡不可过多。

【实训组织】

1. 老师演示（操作示范：制作八宝馅）。
2. 学生实训（制作八宝馅，4人一组）。
3. 老师点评（小结，评分）。

【实训准备】

1. 实训工具：

菜刀、砧板、钢盆、蒸锅。

2. 实训材料（每组）：

白莲子 50 克、百合 20 克、薏米 25 克、白果肉 50 克、板栗肉 50 克、湿冬菇 20 克、瘦肉粒 50 克、火腿肉 10 克、姜米 5 克、精盐 4 克、味精 3 克、胡椒粉 1 克、生油 15 克、生粉 6 克。

【作业与思考】

1. 简述制作八宝馅的工艺过程。
2. 制作八宝馅要注意哪些关键的技术要领？
3. 制作八宝馅时为何要勾芡？

【实训项目 10】

制作海鲜卷馅

【实训目的】

1. 学习制作海鲜卷馅的基本方法。
2. 掌握制作海鲜卷馅的工艺原理和技术要领。

【技术理论与原理】

1. "海鲜卷"是用腐皮或薄饼包裹海鲜馅料炸制而成的一种菜式。海鲜卷馅主要是由多种海鲜类原料和其他原料组合而成的馅料。

2. 海鲜卷馅的质量标准为：馅料黏连不太松散，酸甜鲜爽，味道可口。

【实训方法】

1. 原料配方：

鲜虾仁 100 克、鲜带子 100 克、蟹柳肉 100 克、鲜墨鱼肉 50 克、鲜笋肉 50 克、湿冬菇 50 克、红萝卜 50 克、西芹 50 克、韭黄 50 克、香菜 25 克、精盐 5 克、沙拉酱 180 克。

2. 制作过程:

（1）将虾仁、带子、蟹柳肉、墨鱼肉分别切成小粒,飞水熟后用干毛巾吸干水分。

（2）把鲜笋肉、湿冬菇、红萝卜、西芹分别切成小颗粒,飞水后用干毛巾吸干水分。

（3）把韭黄、香菜切碎待用。

（4）将以上所有原料放入盆中,加入沙拉酱拌匀即可。

3. 制作要领:

（1）刀工均匀,原料要切成小粒。

（2）原料飞水后要吸干水分。

【实训组织】

1. 老师演示(操作示范:制作海鲜卷馅)。

2. 学生实训(制作海鲜卷馅,4 人一组)。

3. 老师点评(小结,评分)。

【实训准备】

1. 实训工具:

菜刀、砧板、钢盆、蒸锅。

2. 实训材料(每组):

白莲子 50 克、百合 20 克、薏米 25 克、白果肉 50 克、板栗肉 50 克、湿冬菇 20 克、瘦肉粒 50 克、火腿肉 10 克、姜米 5 克、精盐 4 克、味精 3 克、胡椒粉 1 克、生油 15 克、生粉 6 克。

【作业与思考】

1. 简述制作海鲜卷馅的工艺过程。

2. 制作海鲜卷馅要注意哪些关键的技术要领?

二、肉料腌制

【实训项目 1】

腌虾仁

【实训目的】

1. 学习虾仁腌制的基本方法。

2. 掌握腌制的物理、化学原理。

【技术理论与原理】

1.许多美味可口的菜肴,原料在烹制前都要经过腌制加工,也就是通过利用物理或化学的方法改善原料结构性质,从而达到入味、除韧、去腻、爽脆、软滑等不同目的。

2.虾仁是粤菜烹调中的高档原料,既可与多数原料搭配使用,也可以作为主料独立成菜,烹调方法及品种多样。

3.腌虾仁的质量标准为:虾仁洁净、透明、结实,略有黏性,熟后鲜、爽、滑。

【实训方法】

1.原料配方:

鲜虾仁 500 克、味精 6 克、精盐 5 克、生粉 6 克、蛋清 20 克、食粉 1.5 克。

2.制作过程:

(1)将虾仁洗净后放入洁净白毛巾内吸干水分,放入小盆内。

(2)将所有辅料和匀,再放入虾仁拌匀即可。

(3)将虾仁用保鲜盒装好,放进冰柜冷藏 2 小时可用。

3.制作要领:

(1)虾仁要新鲜,清洗干净。

(2)虾仁腌制前应吸干水分,越干越好。

(3)下腌料后要轻力充分搅拌,不能用力搅拌,避免虾仁发热和绞烂。

(4)虾仁冷藏后口感更爽滑。

【实训组织】

1.老师演示(操作示范:打制虾胶)。

2.学生实训(打制虾胶,4 人一组)。

3.老师点评(小结,评分)。

【实训准备】

1.实训工具:

毛巾、钢盆、保鲜盒。

2.实训材料(每组):

鲜虾仁 500 克、味精 6 克、精盐 5 克、生粉 6 克、蛋清 20 克、食粉 1.5 克。

【作业与思考】

1.简述腌制虾仁的工艺过程。

2.腌制虾仁要注意哪些关键的技术要领?

学生实训评价表　　　　　　　年　　月　　日

班别			姓名		学号	
实训项目	腌虾仁			老师评语		
评价内容	配分	实际得分				
配方	30					
质感	40					
味道	20					
卫生	10		老师签名：			
总分						

【实训项目2】

腌猪扒

【实训目的】

1. 学习腌制猪扒的基本方法。

2. 掌握腌制猪扒的工艺原理和技术要领。

【技术理论与原理】

1. 粤菜中有部分品种和烹调法源自于对西餐的吸收和改良,例如"果汁煎猪扒"便是其中的代表之一。为了方便进食,把大块的猪扒改成肉脯;为了改善口感风味,就要对猪扒进行腌制。

2. 腌猪扒的质量标准为:肉脯没有韧性,松软而透香。

【实训方法】

1. 原料配方:

肉脯500克、精盐2.5克、姜片和葱条各10克、露酒25克、食粉3.5克。

2. 制作过程:

(1) 将肉脯洗净,沥去水分。

(2) 将所有腌料放入肉料内拌匀即可。

(3) 将猪扒用保鲜盒装好,放进冰柜冷藏约2小时可用。

3. 制作要领:

(1) 肉料洗净后要沥去水分,可用毛巾吸水。

(2) 下腌料后不应用力搅拌,只是轻力拌匀,拌的时间略长一些。

【实训组织】

1. 老师演示(操作示范:腌制猪扒)。
2. 学生实训(腌制猪扒,4人一组)。
3. 老师点评(小结,评分)。

【实训准备】

1. 实训工具:

毛巾、钢盆、保鲜盒。

2. 实训材料(每组):

肉脯500克、精盐2.5克、姜片和葱条各10克、露酒25克、食粉3.5克。

【作业与思考】

1. 简述腌制猪扒的工艺过程。
2. 腌制猪扒要注意哪些关键的技术要领?

【实训项目3】

腌牛肉

【实训目的】

1. 学习腌制牛肉的基本方法。
2. 巩固对腌制原理的理解。

【技术理论与原理】

1. 牛的肌肉纤维比较粗密,水分含量较少,烹熟后会出现老韧难嚼的情况,尤其是广东地区常用的水牛肉。粤菜对鲜牛肉菜式品种的口感要求是鲜嫩爽滑,这需要通过腌制来达到。

2. 腌牛肉所使用的"食粉"即小苏打,化学名称为"碳酸氢钠",呈弱碱性,属于允许使用的食品添加剂范围,适量使用可以降低牛肉肌纤维密度,从而改善牛肉风味。

3. 腌牛肉的质量标准为:牛肉手感软滑、松涨;熟后爽、嫩、滑。

【实训方法】

1. 原料配方:

切好的牛肉片500克、食粉6克、生抽10克(或盐5克)、生油25克、清水100克(视牛肉老嫩程度而定)。

2. 制作过程:

(1) 将牛肉片洗净,吸干水分。

（2）用少量的清水溶解食粉,放入牛肉片内拌匀,然后放入生抽和匀。

（3）用剩余的清水调匀生粉,分几次放入牛肉内拌匀。

（4）将生油淋上"封面",然后放进冰柜冷藏约2小时可用。

3．制作要领:

（1）牛肉应横纹切成片状。

（2）下腌料搅拌时间要长,让牛肉充分松涨、吸水、软滑。

（3）用生油封在牛肉面上,可保牛肉鲜红而不变黑。

（4）冷藏保管一方面可使化学反应继续完全发生,从而达到去韧软滑效果;另一方面可使牛肉口感更爽滑。

【实训组织】

1．老师演示（操作示范:腌制牛肉）。

2．学生实训（腌制牛肉,4人一组）。

3．老师点评（小结,评分）。

【实训准备】

1．实训工具:

毛巾、钢盆、保鲜盒。

2．实训材料（每组）:

切好牛肉片500克、食粉6克、生抽10克、生油25克、清水100克。

【作业与思考】

1．简述腌制牛肉的工艺过程。

2．腌制牛肉还有哪些配方和方法?

学生实训评价表　　　　　　　年　　月　　日

班别		姓名		学号	
实训项目		腌牛肉	老师评语		
评价内容	配分	实际得分			
松涨	40				
色泽	20				
质感	30				
卫生	10		老师签名:		
总分					

【实训项目4】

腌花枝片

【实训目的】

1. 学习腌制花枝片的基本方法。

2. 掌握肉料腌制的工艺原理和技术要领。

【技术理论与原理】

1. "花枝片"就是鲜墨鱼肉片。因为鲜墨鱼肉质比较结实,而且带有一些腥味,所以烹调前要先进行腌制。

2. 腌花枝片的质量标准为:有香浓的姜、葱、酒味;熟后爽嫩,色泽洁白。

【实训方法】

1. 原料配方:

花枝片500克、姜汁酒25克、姜片和葱条各10克、食粉4克、精盐5克。

2. 制作过程:

(1) 将切好的花枝片洗净,沥干水分,放入小盆内。

(2) 加入腌料,充分拌匀。

(3) 将花枝片用保鲜盒装好,放进冰柜冷藏约2小时可用。

3. 制作要领:

(1) 花枝片腌制前要洗净,并吸干水分。

(2) 下腌料后不应用力搅拌,只是轻力,拌的时间略长一些。

(3) 花枝片腌好后放冰柜冷藏,口感更佳。

【实训组织】

1. 老师演示(操作示范:腌花枝片)。

2. 学生实训(腌花枝片,4人一组)。

3. 老师点评(小结,评分)。

【实训准备】

1. 实训工具:

毛巾、钢盆、保鲜盒。

2. 实训材料(每组):

花枝片500克、姜汁酒25克、姜片和葱条各10克、食粉4克、精盐5克。

【作业与思考】

1. 简述腌花枝片的工艺过程。

2. 腌制花枝片为何要用姜汁酒?

【实训项目5】

腌爽肚

【实训目的】

1. 学习腌制爽肚的基本方法。

2. 掌握爽肚腌制的工艺原理和技术要领。

【技术理论与原理】

1. 猪肚是猪的胃,其组织结构与肌肉显著不同,层次复杂坚韧,需要通过碱性液体的腐蚀分解作用,使其紧密的组织结构溶解分离,才能达到爽脆的口感。

2. 新鲜猪肚有光泽,呈乳白色或淡黄色,黏液多,质地结实且具有较强的韧性。不新鲜的猪肚色白带青,无光泽和弹性,肉质松软,有异味,不宜食用。

3. 制作爽肚最好选用猪肚蒂部,因为这个部分肉质厚,口感更爽脆。

4. 腌制爽肚的质量标准为:紫红色,肉松涨,通透有光泽;熟后爽脆。

【实训方法】

1. 原料配方:

猪肚蒂 500 克、食粉 5 克、清水 200 克。

2. 制作过程:

(1) 将猪肚蒂用冷水洗净。

(2) 用刀铲去肚衣薄膜和肥油,在去膜的一面改切梳子刀形。

(3) 将猪肚放入盆内,加入食粉、清水浸好,腌 1 小时。(视情况而定)

(4) 当猪肚呈现紫红色时,换清水再浸泡 1 小时。(水最好流动)

(5) 捞出后放入保鲜盒,加凉水浸泡入冰柜保存待用。

3. 制作要领:

(1) 猪肚最好选用肚蒂部分。

(2) 要除尽肚衣薄膜和肥油。

(3) 猪肚呈现紫红色时表示腌制时间已充足。

(4) 用清水漂够身才能使猪肚去除碱味和充分松涨。

【实训组织】

1. 老师演示(操作示范:腌制爽肚)。

2. 学生实训(腌制爽肚,4 人一组)。

3. 老师点评(小结,评分)。

【实训准备】

1.实训工具：

桑刀、砧板、水盆。

2.实训材料(每组)：

猪肚蒂500克、食粉5克、清水200克。

【作业与思考】

1.简述腌爽肚的工艺过程。

2.腌爽肚的技术关键是什么?

【实训项目6】

腌姜芽

【实训目的】

1.学习腌制姜芽的基本方法。

2.掌握腌制姜芽的工艺原理和技术要领。

【技术理论与原理】

1.夏天出产的嫩姜称为子姜,其芽端呈紫红色。子姜脆嫩无渣,辣味较轻,可作为菜肴原料。腌制后的子姜甜酸爽脆、色泽嫣红,既可以作为小食,也可以作为配料在菜式中使用,别具风味。

2.腌姜芽的质量标准为:色泽嫣红、爽口、甜酸味适中。

【实训方法】

1.原料配方：

嫩姜500克、精盐12克、白醋200克、白糖100克、糖精0.15克、红辣椒和酸梅各2只。

2.制作过程：

(1)洗净砂锅,加入白醋,加热至微沸时,放入白糖、精盐(2克)煮溶,倒入瓦盆内晾凉。

(2)用竹片刮去姜衣、苗,然后切成薄片。

(3)将精盐10克放入姜片内拌匀腌制约半小时,用清水洗净,沥干水分。

(4)将糖精、红辣椒和酸梅放进晾凉的酸水中和匀,然后放入姜片,腌制2小时。

3.制作要领：

(1)刮姜要用竹片刮,可以防止姜变黑。

(2)姜片腌制时盐的量要足够,但要漂清咸味。

(3)姜片应抓干水分,最好晾干后才腌制。

（4）待煮好的酸水完全冷却后才可放入姜片。

（5）放入酸梅、红椒可增加姜片的复合味和色彩。

【实训组织】

1.老师演示（操作示范：腌制子姜）。

2.学生实训（腌制子姜，4人一组）。

3.老师点评（小结，评分）。

【实训准备】

1.实训工具：

竹片、菜刀、砧板、砂锅、瓦盆。

2.实训材料（每组）：

嫩姜500克、精盐12克、白醋200克、白糖100克、糖精0.15克。

【作业与思考】

1.简述腌制姜芽的工艺过程。

2.腌姜芽如何才能产生嫣红色？

【实训项目7】

腌蒜香骨

【实训目的】

1.学习腌制蒜香骨的基本方法。

2.掌握腌制蒜香骨的工艺原理和技术要领。

【技术理论与原理】

1."蒜香骨"是一道以排骨为主料直接炸制而成的菜式。凡直接用炸的方法成菜的主料，一般要求本身带味。排骨腌制后，不但入味，而且能够使肉质松涨，口感松软不韧。

2.腌蒜香骨的质量标准为：色泽呈浅黄色、松涨；熟后呈金红色，有浓郁蒜香味。

【实训方法】

1.原料配方：

骨排500克、蒜汁50克、南乳2克、露酒10克、甘草粉1克、味精5克、精盐4克、白糖20克、蛋黄50克、食粉4克、糯米粉10克、面粉10克、吉士粉5克。

2.制作过程：

（1）将排骨斩成长约6厘米的段，放入清水中漂净血色，沥干水分，放入小盆内。

（2）将以上所有腌料放入排骨内充分拌匀。

（3）把腌好的排骨用保鲜盒放进冰柜冷藏约 4 小时可用。

3.制作要领：

（1）要选用肉排制作。

（2）放入清水中漂洗至原料呈白色、肉质松涨，然后要吸干水分。

（3）下腌料搅拌时，要轻力搅拌，时间略长一些。

（4）放进冰柜后冷藏时间要足够。

【实训组织】

1.老师演示（操作示范：腌制蒜香骨）。

2.学生实训（腌制蒜香骨，4 人一组）。

3.老师点评（小结，评分）。

【实训准备】

1.实训工具：

骨刀、砧板、钢盆、保鲜盒。

2.实训材料（每组）：

骨排 500 克、蒜汁 50 克、南乳 2 克、露酒 10 克、甘草粉 1 克、味精 5 克、精盐 4 克、白糖 20 克、蛋黄 50 克、食粉 4 克、糯米粉 10 克、面粉 10 克、吉士粉 5 克。

【作业与思考】

1.腌制蒜香骨的工艺过程是怎样的？

2.腌蒜香骨的排骨为何要漂水？

【实训项目 8】

腌京都骨

【实训目的】

1.学习腌制京都骨的基本方法。

2.掌握腌制京都骨的工艺原理和技术要领。

【技术理论与原理】

1."京都骨"原本是老北京的美食之一，特色是色泽红润、咸鲜微甜。经粤菜厨师吸收改良后成为新派粤菜品种，味道更佳。

2.排骨经过腌制后，不但带有内味，而且能够使肉质松涨，口感松软嫩滑。

3.腌京都骨的质量标准为：色泽呈浅黄色、松涨；熟后呈金黄色、酥香。

【实训方法】

1.原料配方：

骨排 500 克、食粉和松肉粉各 5 克、鸡蛋 100 克、吉士粉 2.5 克、花生酱和芝麻酱各 10 克、盐 2.5 克、鸡精 5 克、干淀粉 50 克、玫瑰露酒 25 克、油咖喱 10 克。

2.制作过程：

（1）将排骨斩成长约 6 厘米的段（重约 25 克），放入清水中漂净，沥干水分，放入小盆内。

（2）将以上所有腌料放入排骨内充分拌匀。

（3）把腌好的排骨用保鲜盒放进冰柜冷藏约 4 小时可用。

3.制作要领：

（1）要选用肉排制作。

（2）放入清水中冲洗至原料呈白色、肉质松涨，并且要吸干水分。

（3）下腌料搅拌时，要轻力搅拌，时间略长一些。

（4）放进冰柜后冷藏时间要足够长。

【实训组织】

1.老师演示（操作示范:腌制京都骨）。

2.学生实训（腌制京都骨,4 人一组）。

3.老师点评（小结,评分）。

【实训准备】

1.实训工具：

骨刀、砧板、钢盆、保鲜盒。

2.实训材料（每组）：

骨排 500 克、食粉和松肉粉各 5 克、鸡蛋 100 克、吉士粉 2.5 克、花生酱和芝麻酱各 10 克、盐 2.5 克、鸡精 5 克、干淀粉 50 克、玫瑰露酒 25 克、油咖喱 10 克。

【作业与思考】

1.简述腌制京都骨的工艺过程。

2.了解腌制京都骨还有什么配方？

3.了解制作京都骨菜式的酱汁配方。

第二单元
烹调技术实训

模块一　炒锅基本功实训

一、炉灶使用

【实训项目】

炉灶使用

【实训目的】

1. 了解炉灶的结构和燃烧原理。
2. 掌握炉灶的使用方法。
3. 注意炉灶使用中的安全问题。

【技术理论与原理】

1. 可燃物质燃烧的三个基本要素是：可燃物质、助燃物质（空气）、火源（一定的温度或热量）。热的传播方式是：传导、对流、辐射。炉灶是燃烧燃料、提供烹调热源的器具。

2. 中式厨房常见的炉灶一般有燃油灶和燃气灶两种，其基本原理都是通过鼓风系统鼓入大量空气使燃料充分燃烧产生大量热量供热，通过调节燃料输入量和风量来控制火候的大小。

3. 燃油灶一般使用柴油作为燃料，通过鼓风机鼓入空气将柴油雾化后燃烧发热。柴油灶的优点是膛温高、热量大，使用相对安全；缺点是燃烧不完全导致的大量废气、黑烟污染环境，现在已被逐步淘汰。

4. 燃气灶一般使用天然气或煤气作为燃料，通过用鼓风机给点燃的燃气给风供氧。优点是火焰比较稳定、大小调节方便、热值高，燃烧时产生的污染较少，是一种清洁能源。缺点是可燃气体存在较多的安全风险，如煤气中毒、煤气爆炸、烧伤、火灾等，操作时须十分注意。

【实训方法】

1. 工艺流程:

柴油灶:开风机电源→开总油阀→开油阀→点火种→开风阀→火力调节→关油阀→关风阀→关总油阀→关风机电源。

燃气灶:开风机电源→开总气阀→开火种掣(点火种)→开气阀→开风阀→火力调节→关风阀→关气阀→关总气阀→关风机电源。

2. 操作过程及方法:

柴油灶:

（1）首先打开风机电源,打开总油阀。

（2）打开油阀往炉膛内注入少量柴油后即关闭,用打火机点燃纸张引燃炉膛内柴油。

（3）开风阀加入少量风,待火渐旺时缓慢开启油阀和风阀,然后用油阀和风阀的联合调整来进行火力调节。（注意:油门过大会冒黑烟,油门过小会吹灭。）

（4）关闭炉灶油阀,待炉膛火灭后关闭风阀。

（5）关闭总油阀,关闭风机电源。

燃气灶:

（1）首先打开风机电源,打开燃气总阀。

（2）打开火种掣(点火种),再打开气阀。

（3）打开风阀,利用气阀和风阀的联合调整进行火力调节。

（4）关闭风阀,然后关闭气阀。

（5）关闭风机电源,关闭总气阀。

【实训组织】

1. 老师演示(操作示范:炉灶使用)。

2. 学生实训(炉灶使用,单独操作)。

3. 老师点评(小结,评分)。

【实训准备】

1. 实训工具:

炉灶、打火机。

2. 实训材料:

旧报纸。

【作业与思考】

1. 柴油灶和煤气灶各有什么特点?

2. 柴油灶和煤气灶如何使用? 要注意哪些问题?

学生实训评价表　　　　　　年　月　日

班别		姓名		学号	
实训项目		炉具操作		老师评语	
评价内容	配分	实际得分			
操作规范	40				
熟练程度	30				
控制能力	30			老师签名：	
总分					

二、锅功

【实训项目】

炒锅基本功

【实训目的】

1. 了解各种烹调工具的名称和用途。

2. 掌握各种烹调工具的操作方法。

【技术理论与原理】

1. 常用的烹调工具有：锅、炒勺、锅铲、竹扫、笊篱、手布等。

2. 锅功包括：持锅（端锅）、持锅抛料（抛锅）、旋锅（搪锅）、持炒勺、持炒勺翻料、装料、持锅铲、洗锅等。

3. 烹调操作技术性很强，同时又是在高温的条件下进行操作，所用的工具设备也都是比较费力，为了适应这样的劳动特点，就必须注意下列几项要求：

（1）熟悉各种用具的使用方法，能够正确掌握，灵活运用。

（2）具有正确的基本操作姿势，自然协调，灵活操作，合理用力，减少疲劳。

（3）在操作时必须思想集中，动作敏捷，注意安全。

（4）注意清洁卫生，经常保持灶面的整洁以及地面无油水、不打滑。

（5）注意锻炼身体，以增加体力和耐力，特别是臂力，这不但有利于工作的持久和效率的提高，同时也能避免意外的发生。

4. 抛锅分为小翻和大翻。小翻是将锅连续向上翻动，使锅内原料翻转，达到受热均匀和入味均匀的作用，翻动时一般不要使原料超出锅口。大翻是将锅内原料一次全部翻转，翻之前先将锅转动几次，然后"拉、送、扬、接"几个动作一气呵成。

【实训方法】

1. 工艺流程：

持锅(端锅)→持锅抛料(抛锅)→旋锅(搪锅)→持炒勺→持炒勺翻料→装料→持锅铲→洗锅。

2. 操作过程及方法：

(1)持锅：站到锅位上,拿起叠好的手布,大拇指紧扣锅耳的左边,掌心紧贴锅耳,用食指抵住锅边,其余手指紧握锅耳,手臂自然下垂,把锅拿稳不脱手。

(2)抛锅(小翻)：手握紧炒锅,用上臂推动小臂,小臂通过手腕把锅里的原料往锅边送出,手腕抖锅,把原料扬起,手腕控制锅,接好抛起的原料。

(3)抛锅(大翻)：先将锅内的原料转动几次,翻时将锅略往回一拉,然后向前一送,同时就势向上一扬,将原料全部抛起翻转,然后用锅将已经翻身的原料接住。

(4)旋锅(搪锅)：手握紧炒锅,手腕推锅使原料往前面送出,然后向右旋动并往后拉回,使原料沿锅边滑动,继续旋动炒锅,使原料顺势继续转动。

(5)持炒勺：用手握紧炒勺顶端木柄,大拇指和食指稍往前伸出夹稳勺柄,控制炒勺使用的角度,手臂自然下垂,通过手腕灵活使用。

(6)持炒勺翻料、装料：用炒勺的下方翻炒、抛锅,用炒勺接好原料。对准盘中心,倾斜炒锅,让原料自然下滑,用炒勺刮干净锅内原料。

(7)持锅铲：四指握紧锅铲木柄,大拇指抵住另一侧,持好铲把,沿锅底铲进原料下面,通过手腕用力翻动原料。

(8)洗锅：往锅里放水,用竹扫旋转推刷,洗净锅心和锅边,用竹扫挡在锅边,把锅里的水倾倒,然后把竹扫的水在锅边拍净,再把锅里的水扫净。

【实训组织】

1. 老师演示(操作示范：炒锅基本功)。
2. 学生实训(炒锅基本功,单独操作)。
3. 老师点评(小结,评分)。

【实训准备】

1. 实训工具：
锅、炒勺、锅铲、竹扫、手布、码碟。
2. 实训材料：
沙子、清水。

【作业与思考】

1. 抛锅和转锅有什么技术要领？
2. 练好锅功要注意哪些方面？

学生实训评价表　　　　年　　月　　日

班别		姓名		学号	
实训项目		锅功训练		老师评语	
评价内容	配分	实际得分			
抛锅	40				
转锅	30				
持勺装料	30				
总分				老师签名：	

持锅

模块二　烹制前处理实训

一、初步热处理

【实训项目1】

炟（凉瓜）

【实训目的】

1. 以炟凉瓜为例掌握"炟"操作方法的技术原理和应用。

2. 掌握炟凉瓜的基本方法。

【技术理论与原理】

1. "炟"是指把原料放入沸水中（或加入枧水或油）以猛火加热煮透,使其变得或青绿、烉滑或易于脱皮,或成熟松散的一种操作方法,一般适用于植物原料和米面制品。

2. "炟"的作用原理:

（1）使绿色原料变得更加青绿和烉滑。加入枧水后,水溶液呈碱性,能固定蔬菜中的绿镁,使菜呈现鲜艳的青绿色。同时由于碱性水对纤维有一定的软化作用,所以能使原料加快变烉。

（2）方便干果脱衣。一些干果外表的衣膜黏附紧密不容易剥离,通过热碱水的破坏作用可以使干果的外衣脱落,便于剥离。

（3）使粉、面制品松散。把粉、面制品用沸水泡开、煮透心,可以方便后续制作。

【实训方法】

1. 操作过程及方法:

（1）将凉瓜去瓤后改成"日字形"。

（2）把清水放入锅内烧开,加入枧水,放入凉瓜炟至青绿、烉身后捞起。

（3）将炟好的凉瓜用清水漂凉干净即可。

2. 操作要领:

（1）凉瓜切改形状要整齐均匀。

（2）下枧水的分量要掌握准确。

114

（3）氽时宜用猛火，水要滚沸。

（4）掌握好凉瓜的熟度，不能过熵。

（5）氽后要将凉瓜立即转放到清水中漂凉。

【实训组织】

1. 老师演示（操作示范，氽凉瓜）。

2. 学生实训（氽凉瓜，2人一组）。

3. 老师点评（小结，评分）。

【实训准备】

1. 实训工具：

菜刀、砧板、炒锅、炒勺、笊篱、毛巾、水盆、盛具。

2. 实训材料（每组）：

凉瓜250克、枧水3克。

【作业与思考】

1. 氽凉瓜要注意哪些方面？

2. 氽植物原料加入枧水的作用和副作用是什么？

学生实训评价表　　　　　　　　　年　　月　　日

班别		姓名		学号	
实训项目		氽凉瓜		老师评语	
评价内容	配分	实际得分			
刀工、形状	40				
色泽、熟度	50				
卫生、洁度	10				
总分				老师签名：	

【实训项目2】

飞水（肾球）

【实训目的】

1. 以鸭胘（肾）为例掌握"飞水"操作方法的技术原理和应用。

2. 掌握肾球飞水的基本方法。

【技术理论与原理】

1．"飞水"是指把原料放入沸水中略煮片刻便捞起的一种加工方法，主要适用于动物性原料的初步热处理。

2．"飞水"的作用原理：

（1）去除原料的血污和异味。肉类原料在水中加热时，内部的血污被排出凝固浮于水中，同时也将异味随水带走。

（2）使原料色泽干净鲜明。飞水后，原料里外的污物杂质被带走，使原料色泽显得更加明净。

（3）使原料定型。用沸水加热肉料使其收缩，使经过刀工处理的形状显现并且固定下来。

（4）去除原料部分水分。加热时，肉料收缩硬化，将其中的一部分水分排出，烹调时便不会溢出太多水分，影响锅气。

【实训方法】

1．操作过程及方法：

（1）将鸭肾加工为肾球（具体见刀工实训——原料成形——球）。

（2）把清水放进锅内烧开，然后放入肾球略煮片刻。

（3）待肾球全部卷缩成形后，捞起用清水冲洗干净即可。

2．操作要领：

（1）剖肾球时注意刀工细致均匀，花纹要深而不断，成型美观。

（2）水开后才下肾球，飞水时间不可过长，以免肾球过熟老韧。

（3）捞起后要用清水漂洗干净。

【实训组织】

1．老师演示（操作示范：肾球飞水）。

2．学生实训（肾球飞水，2人一组）。

3．老师点评（小结，评分）。

【实训准备】

1．实训工具：

菜刀、砧板、炒锅、炒勺、毛巾、笊篱、盛具。

2．实训材料（每组）：

鸭肾 250 克。

【作业与思考】

1．肾球通过飞水起到什么作用？

2．飞水和㷛有什么区别？

【实训项目3】

煨(鲜菇)

【实训目的】

1.以鲜菇为例掌握"煨"操作方法的技术原理和应用。

2.掌握煨鲜菇的基本方法。

【技术理论与原理】

1."煨"是指把飞水后的原料放入带味料的汤水中煮透成为烹调预制品的一种加工方法。适用于干货原料和植物性原料的处理。

2."煨"的作用原理:

(1)增加原料内味和香味。在煨的过程中味汤的味和香气会随汤水渗入原料内部而把香味带进原料内。

(2)去除原料的异味。虽然原料在煨之前一般都经过飞水等加工程序,但是某些原料内部还是残留有令人不愉快的味道(例如碱味、腥味等)。通过煨料的作用,可以掩盖去除这些异味,增加美味。

(3)在煨时固定搭配使用姜件和葱条,因此姜件加葱条被称为"煨料"。

(4)鲜菇、冬菇、竹荪等植物性原料煨法基本相同。

【实训方法】

1.操作过程及方法:

(1)将鲜菇削去泥根,在根部切十字形,在菇伞上切一刀,然后飞水。

(2)烧锅下少许油,下姜件、葱条爆香,溅入料酒,加汤水,下盐、味精调好味。

(3)放入鲜菇用中慢火煨2~3分钟,然后捞起,拣去姜葱,连汤带菇盛放在碗内。使用时沥去汤水便可。

2.操作要领:

(1)煨制时汤水量不要太多,味宜稍重。

(2)鲜菇在煨前一般先焯过再煨。

(3)煨后鲜菇可连味汤一起存放,也可以用清水洗过后再用清水浸泡存放。

【实训组织】

1.老师演示(操作示范:煨鲜菇)。

2.学生实训(煨鲜菇,2人一组)。

3.老师点评(小结,评分)。

【实训准备】

1. 实训工具：

菜刀、砧板、炒锅、炒勺、毛巾、笊篱、盛具。

2. 实训材料(每组)：

鲜菇150克、姜件5克、葱1条、盐2克、味精2克、绍酒5克、汤水适量。

【作业与思考】

1. 鲜菇煨前飞水起什么作用?

2. 为什么要在鲜菇头部和根部划刀口?

【实训项目4】 ▮▮▮

煨(鱼肚)

【实训目的】

1. 以鱼肚为例掌握干货煨法的技术原理和应用。

2. 掌握煨鱼肚的基本方法。

【技术理论与原理】

1. "煨"是指把飞水后的原料放入带味料的汤水中煮透成为烹调预制品的一种加工方法。主要用于原料的增内味、除异味。

2. "煨"的作用原理：

(1) 增加原料内味和香味。在煨的过程中味汤的味和香气会随汤水渗入原料内部而把香味带进原料内。

(2) 去除原料的异味。例如动物性干货原料经过涨发后还存留碱味、腥味等异味,而且本身缺乏滋味,要通过煨的作用,才能掩盖去除这些异味,增加美味。

(3) 在煨时固定搭配使用姜件和葱条,因此姜件加葱条被称为"煨料"。

(4) 鱼肚、海参、鱼翅等动物性干货煨法基本相同。

【实训方法】

1. 操作过程及方法：

(1) 烧锅下少许油,下姜件、葱条爆香,溅入料酒,加汤水,下盐、味精调好味。

(2) 放入发好的鱼肚用中慢火煨1~2分钟,然后捞起,拣去姜葱,沥干汤水便可。

2. 操作要领：

(1) 煨制时汤水量不要太多,味宜稍重。

(2) 鱼肚在煨前一般先飞过水再煨。

【实训组织】

1. 老师演示(操作示范:煨鱼肚)。
2. 学生实训(煨鱼肚,2 人一组)。
3. 老师点评(小结,评分)。

【实训准备】

1. 实训工具:

菜刀、砧板、炒锅、炒勺、毛巾、笊篱、盛具。

2. 实训材料(每组):

发好鱼肚 150 克、姜件 5 克、葱 1 条、盐 2 克、味精 2 克、绍酒 5 克、汤水适量。

【作业与思考】

1. 煨动物性干货原料的作用是什么?
2. 煨鱼肚有哪些关键?

【实训项目 5】▌▌▌

炸(腰果)

【实训目的】

1. 以腰果为例掌握"炸干果"的技术原理和应用。
2. 掌握炸腰果的基本方法。

【技术理论与原理】

1. "炸"是指将原料放进较高温度的油内进行加热,使原料成熟、成形、上色、香脆的工艺方法。

2. 经过炸制的原料,尽管有的已成为可直接食用的食品,但全部都定义为半成品而不是菜肴。这是初步热处理"炸"与烹调法"炸"的根本区别。初步热处理的炸与干货涨发中油发的炸也不同,前者只包含油炸这一工序,而后者在油炸后还有浸、洗两道工序。

3. 初步热处理的炸适用于需上色的肉料、干果、腐竹、芋头制品、蛋丝、粉丝、薯片、虾片等。

【实训方法】

1. 操作过程及方法:

(1)烧锅下水烧沸,下腰果加盐滚 2～3 分钟,捞起沥干水分。

（2）烧锅下油,加热至约 150 摄氏度油温时,下腰果边翻动边浸炸,直到腰果身轻、质硬,色泽开始转浅金黄。

（3）再升高油温,将腰果炸到金黄色,然后迅速捞起,沥干油分,放在铺有吸油纸的盆上,摊开晾放便可。

（4）花生、榄仁、核桃、夏果等干果的炸法基本相同。

2.操作要领:

（1）炸制时油温必须控制好。

（2）腰果最好在炸前用盐水滚过再炸。

【实训组织】

1.老师演示(操作示范:炸腰果)。

2.学生实训(炸腰果,2 人一组)。

3.老师点评(小结,评分)。

【实训准备】

1.实训工具:

炒锅、炒勺、笊篱、毛巾、盛具。

2.实训材料(每组):

腰果 200 克、盐 5 克、食用油 1500 克。

【作业与思考】

1.腰果炸之前为什么要滚过?

2.炸腰果时如何控制好油温?

【实训项目6】

炸(扣肉)

【实训目的】

1.以扣肉为例掌握"炸上色"的技术原理和应用。

2.掌握炸扣肉的基本方法。

【技术理论与原理】

1.炸扣肉的主要工序是先将带皮五花肉用水煮到七成熟,趁热在表皮涂上老抽,然后放入热油中炸至表皮上色的一种工艺方法。

2.肉类原料通过炸能够达到上色、增加香味、松涨的效果。

3.猪手、红鸭、凤爪等的炸法基本相同。

【实训方法】

1.操作过程及方法：

（1）将有皮五花肉放入汤锅内煮至七成熟,取出用毛巾抹干表面水分,趁热在表皮涂上老抽,再用铁针在猪皮上均匀扎孔。

（2）烧锅下油,加热至约210摄氏度油温时,用笊篱托住五花肉,表皮朝下放入热油中,炸到大红色甘香,捞起,沥干油分即可。

2.操作要领：

（1）煮五花肉时要掌握好熟度,猪皮上扎针要均匀。

（2）也有一种做法是在猪皮上涂盐而不涂老抽。

（3）炸时要控制好油温,尤其下锅时油温不能太低,要达到七成油温。

（4）要注意在炸的过程中产生的油爆溅现象。

【实训组织】

1.老师演示(操作示范:炸扣肉)。

2.学生实训(炸扣肉,4人一组)。

3.老师点评(小结,评分)。

【实训准备】

1.实训工具：

炒锅、炒勺、笊篱、毛巾、汤锅、铁针。

2.实训材料(每组)：

有皮五花肉500克、老抽适量、食用油1500克。

【作业与思考】

1.扣肉炸之前为什么要煮过?

2.炸扣肉前在猪皮上扎针的作用是什么?

学生实训评价表　　　　　　　　　年　　月　　日

班别		姓名		学号	
实训项目	炸扣肉		老师评语		
评价内容	配分	实际得分			
煮制程度	50				
炸皮色泽	50				
总分			老师签名:		

【实训项目7】

炸（雀巢）

【实训目的】

1. 以炸"雀巢"为例掌握"炸定型"的技术原理和应用。

2. 掌握炸"雀巢"的基本方法。

【技术理论与原理】

1. "雀巢"一般是用芋头切成丝或条状,在有漏孔的碗形模具上编织成鸟巢形状,然后用油炸熟定型成为雀巢。

2. "雀巢"形状美观,口感香脆,可作为盛器把炒、泡的菜肴放在里面,显得格外高档别致。

3. "雀巢"模型编织好以后,放进热油内炸制,利用油的高温使形状固定不松散,原料成熟香脆。

4. "雀巢"也可用粉丝、面条等作原料,编织形状款式可以多样,炸法基本相同。

【实训方法】

1. 操作过程及方法:

（1）取大芋头去皮切成长丝,放在清水内洗净淀粉,放进盐拌匀,腌15分钟至软。

（2）将芋丝吸干水分,加入少许干淀粉拌匀。

（3）把芋丝放在雀巢模具内,摆成巢形,再压上一个模具,使形状稳定。

（4）将编好的雀巢连模具一齐放在150摄氏度热油内炸约3分钟,定型后脱出模具,浸炸至身硬,色金黄,捞出沥净油即可。

2. 操作要领:

（1）芋头切丝要尽量细长而且均匀;根据雀巢的款式设计可以切成不同的丝形。

（2）芋丝切好后要用水漂清淀粉质,用盐腌制使芋丝柔软便于编织成形。

（3）模具在使用前要先用热油浸透,防止雀巢与模具粘连。

（4）炸时要控制好油温,定型之后用五成油温浸炸,防止一部分未酥而另一部分已焦。

（5）在揭起上下两个模具的时候要小心操作,防止弄碎巢形。

【实训组织】

1. 老师演示(操作示范:炸雀巢)。

2. 学生实训(炸雀巢,4人一组)。

3. 老师点评(小结,评分)。

【实训准备】

1. 实训工具:

菜刀、砧板、炒锅、炒勺、笊篱、毛巾、雀巢模具。

2.实训材料（每组）：

大芋头 1 个、盐 10 克、生粉 10 克、食用油 2000 克。

【作业与思考】

1.切好的芋头丝为何要漂水、下盐、拌粉？

2.炸雀巢时如何让模具顺利分离？

二、上粉上浆

【实训项目1】

上酥炸粉（咕噜肉）

【实训目的】

1.以炸咕噜肉为例掌握"上酥炸粉"的技术原理和应用。

2.掌握咕噜肉上粉的基本方法。

【技术理论与原理】

1."酥炸粉"又称为"湿干粉"，是在肉料经过调味后，加入湿粉、蛋液拌匀，最后在表面拍上干淀粉的一种工艺。

2.上酥炸粉可使成品松涨增大，外酥香内软滑，色泽金黄。

3.此法适用于糖醋咕噜肉、糖醋排骨、五柳松子鱼、西湖菊花鱼等菜品。

【实训方法】

1.操作过程及方法：

（1）将干净无皮五花肉开条刻上花纹，斜切成菱形块，用盐拌匀。

（2）加入湿粉拌匀（如果肉较湿可不用湿粉改用干粉）。

（3）加入蛋液拌匀，然后放入干粉盆里均匀拍上干淀粉。

（4）把上好粉的肉料抖掉多余的干粉，放至稍回潮时便可炸制。

2.操作要领：

（1）上粉要均匀，厚薄适度，若有花纹的，花纹应清晰显现，不粘连。

（2）上粉后应等原料表面干淀粉适当吸水回潮后再下锅炸制，这样可以防止成品起白霜。

（3）原料上粉前应沥干水分，避免水分过多使干粉变糊。

（4）蛋液不宜太多，以能为原料吸收不多余为度。

（5）遇有花纹的原料如菊花鱼、鲜鱿鱼等，可以只拌蛋液不加湿粉，然后拍上干粉，这样

可以减少粘连,使花纹呈现更好。

【实训组织】

1. 老师演示(操作示范:上酥炸粉)。
2. 学生实训(上酥炸粉,2 人一组)。
3. 老师点评(小结,评分)。

【实训准备】

1. 实训工具:
菜刀、砧板、钢盆、码碗、平底盘。
2. 实训材料(每组):
无皮五花肉 150 克、盐 1 克、鸡蛋 1 只、生粉 100 克。

【作业与思考】

1. 酥炸粉当中的湿粉和蛋液起什么作用?
2. 咕噜肉上好干粉以后为何要等到回潮才炸?

【实训项目 2】

上吉列粉(吉列鱼块)

【实训目的】

1. 以吉列鱼块为例掌握"上吉列粉"的技术原理和应用。
2. 掌握吉列鱼块上粉的基本方法。

【技术理论与原理】

1. "上吉列粉"是肉料经过腌制后,加入由蛋液和干生粉调成的蛋浆拌匀,最后在表面拍上面包糠的一种工艺。
2. 上吉列粉的作用是:成品色泽金黄,外酥松甘香,内嫩滑。
3. 此法适用于吉列鱼块、吉列鸡块、吉列虾球、沙律海鲜卷等菜品。
4. 吉列鱼块一般选用肉厚骨少、档次较高的石斑、鳜鱼、鲈鱼等。

【实训方法】

1. 操作过程及方法:
(1)将鱼肉改成 9 厘米 ×6 厘米 ×0.5 厘米的块状放在盘中。
(2)加入盐、味精、麻油、胡椒粉拌匀。
(3)加入蛋液和干生粉调成的蛋浆拌匀。
(4)在鱼肉的表面均匀地拍上面包糠即可。

2. 操作要领:

(1) 肉料切改为块状,成形不可过小,规格均匀一致。

(2) 吸水性强的净料可上净蛋液;吸水少、表面光滑的净料,如鱼肉、肥肉等以上蛋浆为佳。

(3) 要求面包糠粘贴牢固、均匀、不脱落。上面包糠后,注意用手轻轻按紧,以防面包糠脱落。

【实训组织】

1. 老师演示(操作示范:上吉列粉)。

2. 学生实训(上吉列粉,2 人一组)。

3. 老师点评(小结,评分)。

【实训准备】

1. 实训工具:

菜刀、砧板、钢盆、码碗、平底盘。

2. 实训材料(每组):

鲈鱼 1 条(约 750 克),盐 1 克,味精 2 克,鸡蛋 1 只,生粉 5 克,面包糠 40 克,麻油、胡椒粉各 0.5 克。

【作业与思考】

1. 上吉列粉如何才能做到面包糠粘贴结实不掉落?

2. 吉列鸡块和吉列虾球应该怎样制作?

【实训项目3】

调脆浆

【实训目的】

1. 了解"调脆浆"的技术原理和应用。

2. 掌握"调、上脆浆"的基本方法。

【技术理论与原理】

1. "脆浆"是指以面粉为主料,加起发材料和清水调制而成的一种粉浆。把调好的脆浆裹在无骨、成形的原料表面,利用油炸的高温把发酵脆浆加热膨胀固定,成为脆炸菜式品种,例如脆炸牛奶、脆炸鱼条、脆炸三丝卷等。

2. 上脆浆的作用是:成品起发胀大,外形圆滑起砂眼,酥脆松化,色泽金黄。

3. 以面种作为起发材料的脆浆称为"有种脆浆";以发酵粉作为起发材料的脆浆称为"发粉脆浆",又称"急浆"。

4.调制脆浆对配方和手法的要求都非常高,以脆浆的起发效果作为调浆是否成功的主要检验标准。

【实训方法】

1.脆浆的配方(发粉脆浆):

面粉 500 克、生粉 100 克、生油 150 克、盐 6 克、发酵粉 20 克、清水 500 克。

2.操作过程及方法:

(1)先把面粉、生粉、盐、发酵粉放在盆内和匀。

(2)分两到三次加入清水调匀成糊状。

(3)再加入食用油调匀,静置 20 分钟便可使用。

3.操作要领:

(1)配方要准确。水和油胆的分量都是关键性的。

(2)调好的浆要匀滑,其中不能有粉。(最好用低筋面粉,而且筛过)

(3)水要分几次下,如果一次下完将很难把面粉调匀。

(4)调浆时要注意手法,不能把面粉搅出面筋,否则会影响起发。

【实训组织】

1.老师演示(操作示范:调制脆浆)。

2.学生实训(调制脆浆,2 人一组)。

3.老师点评(小结,评分)。

【实训准备】

1.实训工具:

不锈钢盆。

2.实训材料(每组):

面粉 500 克、生粉 100 克、生油 150 克、盐 6 克、发酵粉 20 克、清水 500 克。

【作业与思考】

1.调脆浆要注意掌握哪些关键要素?

2.简述有种脆浆的配方和调制方法?

3.有种脆浆和发粉脆浆有何区别?

【实训项目4】▮▮▮

调蛋白稀浆

【实训目的】

1.了解"调蛋白稀浆"的技术原理和应用。

2. 掌握"调、上蛋白稀浆"的基本方法。

【技术理论与原理】

1. "蛋白稀浆"是指用鸡蛋清和淀粉调制而成的一种粉浆。多用于炸制的菜肴品种,如酥炸蟹合、香酥蛋皮卷等。

2. 上蛋白稀浆可以使成品色泽浅金黄,外酥脆内甘香,外表略有透明感,起珍珠泡,并布有幼丝。

3. 因蛋清与干淀粉不易调匀而且起粉粒,所以一般使用湿粉调制。

4. 为使原料能够粘住蛋白稀浆,在上浆之前一般都在原料表面沾上一层干生粉。

【实训方法】

1. 蛋白稀浆的配方:

鸡蛋清 100 克、湿生粉 50 克。

2. 操作过程及方法:

(1)将蛋清放入碗里用筷子抽打至散。

(2)打好的蛋清略静置,撇去蛋泡。

(3)再加入湿淀粉调匀便可使用。

3. 操作要领:

(1)配方要准确。

(2)蛋清要打散,但是不能打太久,以免降低黏性。

(3)下湿粉时不能滴水。

(4)蛋清和湿粉要充分调匀不起粉团。

【实训组织】

1. 老师演示(操作示范:调制蛋白稀浆)。

2. 学生实训(调制蛋白稀浆,2 人一组)。

3. 老师点评(小结,评分)。

【实训准备】

1. 实训工具:

碗、筷子。

2. 实训材料(每组):

鸡蛋清 100 克、湿生粉 50 克。

【作业与思考】

1. 调制蛋白稀浆要注意掌握哪些关键要素?

2. 为何上蛋白稀浆前原料表面要先拍干生粉?

三、烹制前造型

【实训项目1】

穿鸡翅

【实训目的】

1. 了解"穿"的技术原理和应用。

2. 掌握"穿鸡翅"的基本方法。

【技术理论与原理】

1. "穿"是指将某些动物原料切成条形,穿入另一种原料原有或加工后的洞中,使它们成为一个整体的造型手法。

2. 用作穿料的原料一般有菜软、笋条、菇条、火腿丝、叉烧条等。

3. 穿的造型质量要求:成型美观,穿入的原料要牢固。

【实训方法】

1. 操作过程及方法:

(1) 取鸡翅除翼尖外的两节,剁去骨节,抽出中间翼骨,洗净后加入味料腌制。

(2) 把菜心改切成菜远形状。

(3) 将菜远条插入去骨后的鸡翅洞中即成。

2. 操作要领:

(1) 鸡翅拆骨要完整利落,不要把肉扯烂。

(2) 穿进的原料要牢固不松散。

(3) 两种原料的规格形状应协调美观。

【实训组织】

1. 老师演示(操作示范:穿鸡翅)。

2. 学生实训(穿鸡翅,2人一组)。

3. 老师点评(小结,评分)。

【实训准备】

1. 实训工具:

菜刀、砧板。

2. 实训材料(每组):

鸡中翼10只、菜心50克、盐2克、味精2克、麻油1克、胡椒粉1克、湿粉2克。

【作业与思考】

1. "穿鸡翅"要注意掌握哪些关键要素?
2. 还有哪些品种是用穿的方法?

【实训项目2】

酿豆腐

【实训目的】

1. 掌握"酿"的技术原理和应用。
2. 熟悉"酿豆腐"的基本方法。

【技术理论与原理】

1. "酿"是将虾肉、鱼肉、猪肉等打制而成的胶性馅料填放在各种原料的空穴或表面,使之成为一件完整美观的带馅原料的造型手法。
2. 酿的造型质量要求:成型要美观、均匀,酿馅要牢固、饱满。

【实训方法】

1. 操作过程及方法:
(1)用刀将豆腐切成长方形块状。
(2)用小勺在豆腐表面中心位置挖出一个方洞,再抹上少量干生粉。
(3)把鱼胶用小勺均匀地挖起放到每块豆腐洞中。
(4)最后用手将鱼胶压均匀并抹平表面即可。
2. 操作要领:
(1)豆腐选用较结实的,改切形状要均匀整齐,不可过大过小。
(2)豆腐挖洞深浅要适中。
(3)肉馅酿制要饱满牢固不脱落,表面要微凸起。
(4)馅料表面用手蘸清水抹平效果更好。

【实训组织】

1. 老师演示(操作示范:酿豆腐)。
2. 学生实训(酿豆腐,2人一组)。
3. 老师点评(小结,评分)。

【实训准备】

1. 实训工具:
菜刀、砧板、汤匙、碟子。

2.实训材料(每组):

豆腐 4 块、鱼胶 150 克、干生粉 3 克。

【作业与思考】

1."酿豆腐"要注意掌握哪些关键要素?

2.还有哪些酿的品种?如何操作?

【实训项目3】

包三丝卷

【实训目的】

1.掌握"包"的技术原理和应用。

2.熟悉"包三丝卷"的基本方法。

【技术理论与原理】

1."包"是指用性质软薄的材料包裹着各种主料而成长方造型的手法。包制后用炸的烹调法成菜。

2.用作包的材料一般有腐皮、薄饼、蛋皮、威化纸、锡纸等。主料多为馅料或丝、粒条、块等形状的原料。

3.包的造型质量要求:

(1)成型多为日字形或长方形,要整齐统一,造型美观。

(2)包制要紧密严实,不松散,不露馅。

【实训方法】

1.操作过程及方法:

(1)把枚肉、鲜笋、猪肝切成粗丝。

(2)把鲜笋滚过,枚肉、猪肝加湿粉拌匀,猪肝飞水后和肥肉一起拉油。

(3)起锅把枚肉、猪肝、鲜笋放入,加盐、味精炒熟打薄芡,装盘后拌入韭黄。

(4)铺开薄饼,面朝上,把三丝放在靠操作者身体一侧,折起这一侧的薄饼,再折起两侧薄饼,向前卷动,末端用脆浆封口,形成长约 10 厘米、宽约 4 厘米略扁的长条形状即可。

2.操作要领:

(1)切原料要注意刀法,切得太粗会很难包裹。

(2)包时注意手法和顺序,每个都规格一致。

(3)要包得方正、紧密、牢固,原料不能外露或者脱落。

(4)收口必须用脆浆封住,不能散开。

【实训组织】

1.老师演示(操作示范:包三丝卷)。

2. 学生实训（包三丝卷,2 人一组）。

3. 老师点评（小结,评分）。

【实训准备】

1. 实训工具：

菜刀、砧板、炒锅、炒勺、碟子、筷子。

2. 实训材料（每组）：

枚肉 100 克、猪肝 100 克、鲜笋 100 克、韭黄 5 克、薄饼 6 件、盐 0.5 克、味精 0.5 克、湿粉 5 克、料酒 10 克。

【作业与思考】

1. 包"三丝卷"要注意掌握哪些关键要素?

2. 还有哪些菜品是用包的造型方法?

【实训项目4】

卷鱼卷

【实训目的】

1. 掌握"卷"的技术原理和应用。

2. 熟悉"卷鱼卷"的基本方法。

【技术理论与原理】

1. "卷"是指将原料切成片状后,加入其他原料切成的条或丝,弯转裹成圆筒形状的造型手法。如鱼卷、肉卷等,烹调方法多为炸、泡、炒等。

2. 卷的造型质量要求：

（1）成型多为圆筒形状,要整齐统一,造型美观。

（2）包裹要紧密结实,不松散。

【实训方法】

1. 材料：

鲩鱼肉、火腿、鲜笋、盐、味精、鸡蛋清、胡椒粉、干生粉。

2. 操作过程及方法：

（1）把火腿、鲜笋切成小条状,鲜笋用水滚过后吸干水分。

（2）把洗净的鱼肉连皮切成双飞片,然后加入盐、味精、胡椒粉略腌至起胶。

（3）将鸡蛋清和干生粉调成糊状待用。

（4）取一个净碟,撒上少许干淀粉,把切好的鱼片鱼皮朝上地摊开放在碟上,把火腿条、笋条横放在鱼肉上,卷成圆筒状,用蛋糊封口后握紧便成。

3. 操作要领:

（1）切鱼肉要注意刀法,厚薄要均匀,大小要一致。鱼肉不够厚可以用斜刀法增大面积。

（2）卷制时鱼片必须将有皮的一面向上,放上原料后向内卷,这样成熟后的鱼卷才会收紧,如果放反则会散开。

（3）鱼肉要卷成圆筒形状,结实牢固,不能散开。

【实训组织】

1. 老师演示(操作示范:卷鱼卷)。

2. 学生实训(卷鱼卷,2 人一组)。

3. 老师点评(小结,评分)。

【实训准备】

1. 实训工具:

菜刀、砧板、碟子。

2. 实训材料(每组):

鲩鱼肉 200 克、火腿 50 克、鲜笋 50 克、盐 1 克、味精 1 克、鸡蛋清 5 克、胡椒粉 1 克、干生粉 5 克。

【作业与思考】

1. "卷鱼卷"要注意掌握哪些关键要素?

2. "卷鱼卷"的鱼肉为何要切成"双飞片"?

【实训项目5】

挤鱼丸

【实训目的】

1. 掌握"挤"的技术原理和应用。

2. 熟悉"挤鱼丸"的基本方法。

【技术理论与原理】

1. "挤"是指将打制成蓉胶状的馅料放入掌心,通过手指和掌挤压从虎口挤出各种形状丸子的造型手法。

2. 通过"挤"的手法形成的原料形状一般有圆球形、橄榄形、鸡腰形等。

3. 一般用水加热使之成熟地挤到水里,用油加热使之成熟地挤到油里,用蒸使之成熟地挤在抹油的碟子或蒸笼上,挤完后要尽快加热。

4. 挤的造型质量要求:成型大小均匀,表面圆滑,形状美观。

【实训方法】

1. 材料：

打好的鱼胶馅。

2. 操作过程及方法：

（1）将鱼胶重新用手打制起胶。

（2）用左手抓住一把鱼胶，食指向里弯曲，拇指顺势扣住食指形成圆口状，手心的鱼胶通过手掌和三个手指形成的压力，从食指和拇指的圆形虎口挤出，再用右手拿汤匙挖出呈圆形的丸子便可。

3. 操作要领：

（1）挤鱼丸的手法要正确，鱼丸的大小和不同形状可以通过食指和拇指互相配合形成的变化来调节。

（2）鱼胶在挤之前要重新打起胶。

（3）挤出的丸子要大小均匀、圆滑美观。

【实训组织】

1. 老师演示（操作示范：挤鱼丸）。

2. 学生实训（挤鱼丸，2人一组）。

3. 老师点评（小结，评分）。

【实训准备】

1. 实训工具：

汤匙、钢盆、碟子。

2. 实训材料（每组）：

鱼胶200克。

【作业与思考】

1. "挤鱼丸"要注意掌握哪些关键要素？

2. "挤鱼青丸"的手法是怎样的？

【实训项目6】

窝贴鱼块

【实训目的】

1. 掌握"贴"的技术原理和应用。

2. 熟悉"窝贴鱼块"的基本方法。

【技术理论与原理】

1."贴"是指将两种原料上浆后叠放在一起成为一个整齐造型的操作手法,又称为"叠"。

2.用于窝贴原料上的浆是"窝贴浆",由蛋液和干生粉调制而成。

3.贴的造型质量要求:上下原料要叠放一致,规格统一,成型美观,上浆均匀。

【实训方法】

1.材料:

鲩鱼肉、肥肉、净鸡蛋液、白酒、干生粉、盐、味精、胡椒粉、火腿末。

2.操作过程及方法:

(1)将鱼肉切成长方形块状,用盐、味精、胡椒粉略腌制。

(2)将肥肉也切成长方形块状,加盐、白酒略腌制。

(3)把蛋液和干生粉调成窝贴蛋浆。

(4)分别把鱼肉块和肥肉块与窝贴浆拌匀,把肥肉块摆放在铺有干生粉的碟子上,撒上少许火腿末,再贴上鱼块叠好便可。

3.操作要领:

(1)切鱼肉和肥肉时刀工要整齐,规格要统一。

(2)鱼肉和肥肉都要经过腌制。

(3)上窝贴浆要均匀,上下原料贴合要整齐。

(4)贴后要放在撒了粉(或有油)的碟子上,以方便取出。

【实训组织】

1.老师演示(操作示范,窝贴鱼块)。

2.学生实训(窝贴鱼块,2人一组)。

3.老师点评(小结,评分)。

【实训准备】

1.实训工具:

菜刀、砧板、碟子。

2.实训材料(每组):

鲩鱼肉200克、肥肉150克、净鸡蛋液100克、白酒2克、干生粉100克、盐1克、味精1克、胡椒粉1克、火腿末适量。

【作业与思考】

1."窝贴鱼块"要注意掌握哪些关键因素?

2."窝贴鱼块"中的肥肉用白酒腌制的作用是什么?

模块三　烹调法与菜式实训

一、炒法菜式

选用形体较小的原料(如丁、丝、球、片、块、度)或液体原料,放在有底油的热锅内,通过猛火加热和翻动原料的方式,使原料均匀成熟、着味,这种短时间快速制成一道热菜的烹调方法称为炒。根据主料的特性及对主料处理方法的不同,炒法分为泡油炒、软炒、熟炒、生炒、清炒等五种。

【实训项目1】

五彩炒肉丝

【实训目的】

1. 了解烹调法炒的技术原理和应用。
2. 掌握泡油炒的基本方法。
3. 掌握五彩炒肉丝的制作方法和成品要求。

【技术理论与原理】

1. 泡油炒是将主料(肉料)放入适当油温中加热至仅熟,与料头和辅料混合,在热锅中急速翻炒至熟后调入芡汁成菜的烹调方法。

2. 泡油炒的特点是:适用的原料范围较广,原料形体较细小,肉料用泡油方法至熟,用火偏猛,成菜较快,成品味鲜、质嫩、锅气足、口感好,芡紧薄而油亮。

3. 勾芡时一般会用碗芡和锅上芡两种方式,要根据原料形状的大小及其耐火程度等来决定选用哪一种勾芡方法。由于"五彩炒肉丝"的原料较小,所以适用碗芡的方式勾芡。

4. 五彩炒肉丝的成品要求是:肉质嫩滑,芡薄而匀,不泻油不泻芡,色泽明快有光泽,色彩协调搭配合理。

【实训方法】

1. 烹调方法:炒法——泡油炒法。

135

2.工艺流程:辅料切丝→调碗芡→肉丝泡油→下料头→下辅料→下肉丝→烹酒→勾芡→包尾油→成菜。

3.操作过程与方法:

(1)肉丝用湿粉拌匀,再加入生油拌匀。

(2)将笋丝和红萝卜丝加盐飞水待用。

(3)将芡汤加盐、味精、胡椒粉、麻油、白糖、湿粉等调成碗芡。

(4)肉丝用100摄氏度的油温泡油至八成熟,倒起沥干油。

(5)随锅下蒜蓉、青红椒、菇丝、韭黄、笋丝、红萝卜丝、肉丝略炒,烹酒。

(6)调入碗芡,用锅铲快速炒匀。

(7)加入包尾油成菜,出锅上碟。

4.操作要领:

(1)各种原料切丝刀工要均匀。

(2)肉丝泡油时只能八成熟,不可过火。

(3)要用碗芡的勾芡方法。

(4)用猛火烹制,注重锅气。

【实训组织】

1.老师演示(操作示范:五彩炒肉丝)。

2.学生实训(五彩炒肉丝,2人一组)。

3.老师点评(小结,评分)。

【实训准备】

1.实训工具:

刀、砧板、炒锅及配套工具、味碗、长碟、筷子。

2.实训材料(每组):

原料:里脊肉200克、笋肉100克、红萝卜50克、青红椒各一个、韭黄50克、湿冬菇20克。

调料:精盐5克、味精2克、白糖3克、生粉10克、食用油500克、胡椒粉2克、麻油1克、绍酒10克、蒜头15克。

料头:蒜蓉5克、菇丝5克。

【作业与思考】

1.肉丝泡油前为何要拌湿粉?

2.泡油炒用什么火候?为什么?

3.包尾油的作用是什么?

学生实训评价表　　　　　　　年　　月　　日

班别		姓名		学号	
实训项目	五彩炒肉丝		老师评语		
评价内容	配分	实际得分			
刀工、造型	30				
火候、熟度	20				
芡头、色泽	20				
质感、味道	20				
卫生、洁度	10		老师签名：		
总分					

五彩炒肉丝

【实训项目2】

菜远炒鲜鱿

【实训目的】

1. 掌握泡油炒的基本操作运用。
2. 了解煸菜远的火候和鲜鱿飞水的作用。
3. 掌握菜远炒鲜鱿的制作方法和成品要求。

【技术理论与原理】

1.泡油炒是将主料(肉料)放入适当油温中加热至仅熟,与料头和辅料混合,在热锅中急速翻炒至熟后调入芡汁成菜的烹调方法。泡油炒的成芡要求是:色泽鲜明,味道清香,芡色运用得当,芡头匀滑,不泻油,不起粉团。

2.菜远炒鲜鱿属于泡油炒法。鲜鱿经刀工处理刻出花纹,飞水后,鲜鱿受热缩水卷曲,成为麦穗花形。菜远先用油和盐煸炒至八成熟,再加泡油后的鲜鱿猛火炒熟,调味勾芡成菜。

3.菜远炒鲜鱿的成品要求是:菜远煸炒青绿,鲜鱿色泽洁白、卷曲美观,味道鲜美,芡色鲜明,不泻油、不泻芡。

【实训方法】

1.烹调方法:炒法——泡油炒。

2.工艺流程:鲜鱿改刀花→煸炒菜远→调碗芡→鲜鱿飞水→鲜鱿泡油→下料头→下鲜鱿→下菜远→烹酒→勾芡→包尾油→成菜。

3.操作过程与方法:

(1)把洗净的鲜鱿改切成麦穗刀花。

(2)猛火烧锅下油,将菜远加精盐炒至刚熟,倒在笊篱沥干水分。

(3)将盐、味精、胡椒粉、麻油、白糖、湿粉等调成碗芡。

(4)鲜鱿飞水后倒起沥干水。

(5)猛火烧锅下油,将飞好水的鲜鱿泡油至熟倒起。

(6)顺锅下料头、鲜鱿、菜远。

(7)烹绍酒、勾碗芡,加包尾油后成菜,出锅上碟。

4.操作要领:

(1)菜远先煸炒至八成熟,再与鲜鱿一起炒。

(2)鲜鱿要先飞水再泡油,泡油后要注意沥干余油。

(3)泡油后注意锅内余油不能过多,多则泻油。

(4)碗芡分量要准确,保证原料包芡均匀。

【实训组织】

1.老师演示(操作示范:菜远炒鲜鱿)。

2.学生实训(菜远炒鲜鱿,2人一组)。

3.老师点评(小结,评分)。

【实训准备】

1.实训工具:

刀、砧板、炒锅及配套工具、味碗、长碟、筷子。

2. 实训材料(每组):

原料:鲜鱿 200 克、菜心 400 克。

调料:精盐 6 克、味精 1 克、白糖 2 克、生粉 10 克、食用油 500 克、胡椒粉 2 克 、麻油 1 克、绍酒 10 克、蒜头 10 克、姜 10 克。

料头:蒜蓉 5 克、姜片 5 克。

【作业与思考】

1. 泡油炒的成芡要求是什么?

2. 为什么鲜鱿要先飞水再泡油?

3. 煸炒菜远的技术要领是什么?

菜远炒鲜鱿

【实训项目3】

碧绿生鱼卷

【实训目的】

1. 巩固泡油炒的烹调法技术。

2. 掌握鱼卷的制作工艺和要领。

3. 掌握碧绿生鱼卷的制作方法和成品要求。

【技术理论与原理】

1. 烹调法炒的特点一是除清炒外,炒制的菜品由主料、辅料和料头三部分组成;二是制作方法简便,使用火候一般较大,成菜比较快捷;三是菜肴滋味偏于清爽、鲜嫩,锅气香味浓烈;四是适用原料广泛,菜品档次可高可低,可制作菜肴之多在各种烹调法之上。

2. "碧绿"一般是代指绿色植物原料,这里是指菜远。碧绿生鱼卷属于泡油炒法。生鱼肉切成双飞片后用盐腌制后卷好造型,用热油泡熟。菜远先用油和盐煸炒至八成熟,再加泡油后的鱼卷混炒,再调味勾芡。

3. 油泡炒的成芡方式有碗芡和锅上芡两种。由于生鱼卷容易碎烂不能多翻炒,因此适用碗芡的方式进行勾芡成菜。

4. 碧绿生鱼卷的成品要求是:菜远煸炒青绿,鱼卷色泽洁白,形状完整美观,味鲜嫩滑,芡色鲜明,不泻油、不泻芡。

【实训方法】

1. 烹调方法:炒法——泡油炒法。

2. 工艺流程:剪菜远→切生鱼片→卷鱼卷→调碗芡→鱼卷泡油→下料头→下菜远→下鱼卷→烹酒→勾碗芡→包尾油→成菜。

3. 操作过程与方法:

(1) 先将生鱼肉切好双飞片,加精盐拌匀。

(2) 将鱼皮向上,平铺在碟子上,每件放上火腿丝、冬菇丝卷成筒状,拍上干生粉。

(3) 将盐、味精、胡椒粉、麻油、白糖、湿粉等调成碗芡。

(4) 猛火烧锅下油,将菜远加精盐炒至刚熟,倒在疏壳沥干水分。

(5) 烧锅下油,至150摄氏度油温将鱼卷泡至仅熟,倒在笊篱沥干油分。

(6) 猛火烧锅下油,将飞好水的鲜鱿泡油至熟倒起。

(7) 顺锅下料头、菜远、鱼卷。

(8) 烹绍酒、下碗芡一起炒匀,加包尾油后成菜,出锅上碟。

4. 操作要领:

(1) 菜远先煸炒至八成熟,再与鱼卷一起炒。

(2) 鱼肉切好后要下盐拌至略起胶,鱼卷要扎实,避免开口。

(3) 鱼卷泡油的油温要合适,油温过低鱼卷会散,油温过高鱼肉会老。

(4) 鱼卷与菜远一起翻炒时要注意手法,保证鱼卷不烂。

(5) 碗芡分量要准确,保证原料包芡均匀。

【实训组织】

1. 老师演示(操作示范:碧绿生鱼卷)。

2. 学生实训(碧绿生鱼卷,2人一组)。

3. 老师点评(小结,评分)。

【实训准备】

1. 实训工具：

刀、砧板、炒锅及配套工具、味碗、长碟、筷子。

2. 实训材料（每组）：

原料：生鱼一条 500 克、菜心 400 克、火腿 30 克、冬菇 10 克。

调料：精盐 6 克、味精 2 克、白糖 2 克、生粉 10 克、食用油 500 克、胡椒粉 2 克、麻油 1 克、绍酒 10 克、蒜头 15 克、姜 5 克。

料头：蒜蓉 5 克、姜片 5 克。

【作业与思考】

1. 如何卷鱼卷才不容易散口？

2. 鱼卷泡油有何技巧？

3. 碧绿生鱼卷的芡色要求是什么？

碧绿生鱼卷

【实训项目4】

锦绣鱼青丸

【实训目的】

1. 巩固泡油炒的烹调法技术。

2. 掌握鱼青丸的制作手法和初加工方法。

141

3.掌握锦绣鱼青丸的制作方法和成品要求。

【技术理论】

1.选用形体较小的原料(如丁、丝、球、片、块、度)或液体原料,放在有底油的热锅内,通过猛火加热和翻动原料的方式,使原料均匀成熟、着味。这种短时间快速制成一道热菜的烹调方法称为炒。锦绣鱼青丸属于泡油炒法。

2."锦绣"一般是代指各种不同颜色的原料(主要是植物原料)混合在一起的色彩效果。制好的鱼青一般挤成榄核形鱼青丸,其他辅料切成榄丁形状。搭配的炸干果一般可以是腰果、榄仁、夏果、核桃等。

3.鱼青的质量标准为:色泽鲜明,胶性大;熟后结实,色泽洁白,口感爽滑有弹性,味道鲜美。

4.挤好的鱼青丸一般放入清水碗,然后进行用清水浸熟。浸鱼青丸的水温要掌握好才能保证其质感爽滑、有弹性,而且后面泡油时油温也不能过高。

5.锦绣鱼青丸的成品要求是:鱼青丸成橄榄形,色泽洁白,鲜嫩爽滑有弹性;成芡均匀,明净油亮,配料颜色鲜艳和谐,形状美观。

【实训方法】

1.烹调方法:炒法——泡油炒法。

2.工艺流程:挤出鱼青浸泡在水中→丁料飞水→调碗芡→鱼清丸泡油→下料头→下丁料→下鱼青丸→烹酒→勾碗芡→包尾油→成菜。

3.操作过程与方法:

(1)把笋肉、红萝卜和辣椒切成榄丁然后飞水。

(2)将鱼青挤成榄核形的小丸,放入盛有清水的碗中。

(3)烧锅下清水至微滚时,放入鱼青丸,以慢火浸约1分钟至鱼丸浮起仅熟,倒入疏壳中沥去水分。

(4)将盐、味精、胡椒粉、麻油、白糖、湿粉等调成碗芡。

(5)烧锅下油,至100摄氏度油温时,将鱼青丸放入泡油片刻,即倒在笊篱沥干油分。

(6)顺锅下料头,加入以上各种丁料和鱼青丸,烹绍酒、下碗芡一起炒匀,加包尾油后出锅上碟,最后把炸好的腰果撒在面上即可。

4.操作要领:

(1)要把挤好的鱼青丸放入清水碗。

(2)浸鱼青丸的水不能大滚。

(3)鱼青丸要用低油温泡油。

(4)碗芡分量要准确,翻炒均匀不起团。

(5)炸好的干果要最后才撒在面上。

【实训组织】

　　1. 老师演示(操作示范:锦绣鱼青丸)。

　　2. 学生实训(锦绣鱼青丸,2 人一组)。

　　3. 老师点评(小结,评分)。

【实训准备】

　　1. 实训工具:

　　刀、砧板、炒锅及配套工具、味碗、圆碟、筷子。

　　2. 实训材料(每组):

　　原料:鲮鱼肉 300 克、笋肉 100 克、红萝卜 50 克、腰果 50 克、圆椒 1 个、鸡蛋 1 个。

　　调料:精盐 6 克、味精 3 克、白糖 2 克、湿粉 20 克、食用油 750 克、胡椒粉 1 克、麻油 1 克、绍酒 20 克、蒜头 15 克、姜 5 克、葱 15 克。

　　料头:蒜蓉 2 克、菇粒 3 克、短葱榄 10 克。

【作业与思考】

　　1. 挤鱼青丸有何手法技巧?

　　2. 为什么鱼青丸要用微滚的水来浸泡至熟?

　　3. 为什么炸好的干果要成菜后才撒在面上?

锦绣鱼青丸

【实训项目 5】

鲜笋炒鸡片

【实训目的】

1. 巩固泡油炒的烹调法技术。

2. 掌握笋片和鸡片的刀工规格。

3. 掌握鲜笋炒鸡片的制作方法和成品要求。

【技术理论与原理】

1. 选用形体较小的原料(如丁、丝、球、片、块、度)或液体原料,放在有底油的热锅内,通过猛火加热和翻动原料的方式,使原料均匀成熟、着味。这种短时间快速制成一道热菜的烹调方法称为炒。

2. 主料用泡油的方法处理后,再与辅料混合炒匀而成菜的方法称为泡油炒。鲜笋炒鸡片属于泡油炒。

3. 鸡肉改切成鸡片后要加入蛋清和湿粉拌匀,作用是色泽鲜明、口感嫩滑。鸡片要用中火泡油至熟,鲜笋要用盐水滚过。

4. 鲜笋炒鸡片的成品要求是:鸡肉色泽鲜明、嫩滑味鲜,鲜笋无酸味、内味好,芡色明亮匀滑。

【实训方法】

1. 烹调方法:炒法——泡油炒法。

2. 工艺流程:辅料处理→调碗芡→鸡片泡油→下料头→下辅料→下鸡片→烹酒→勾碗芡→包尾油→成菜。

3. 操作过程与方法:

(1) 把鸡肉改切成鸡片,加蛋清和湿粉拌匀。

(2) 把笋片用盐水滚过,倒入疏壳(漏勺的一种)备用。

(3) 将盐、味精、胡椒粉、麻油、白糖、湿粉等调成碗芡。

(4) 烧锅下油,至 140 摄氏度油温时,将鸡片放入泡油至熟,倒在笊篱沥干油分。

(5) 顺锅下料头,放入鲜笋和鸡片。

(6) 烹绍酒、下碗芡一起炒匀,加包尾油成菜,出锅上碟。

4. 操作要领:

(1) 鸡肉切好后要拌入蛋清和湿粉。

(2) 鲜笋要用盐水滚过,去除酸味,增加内味。

(3) 炒制过程要用猛火,注重锅气。

(4) 料头中的姜要改成姜花。

(5) 芡色明亮清爽,不能泻油。

【实训组织】

1. 老师演示(操作示范:鲜笋炒鸡片)。

2. 学生实训(鲜笋炒鸡片,2 人一组)。

3. 老师点评(小结,评分)。

【实训准备】

1. 实训工具:

刀、砧板、炒锅及配套工具、味碗、圆碟、筷子。

2. 实训材料(每组):

原料:鸡肉 200 克、笋肉 200 克、鸡蛋 1 个。

调料:精盐 10 克、味精 2 克、白糖 2 克、湿粉 20 克、食用油 500 克、胡椒粉 1 克、麻油 1 克、绍酒 20 克、蒜头 15 克、姜 5 克、葱 15 克。

料头:蒜蓉 2 克、姜花 3 克、葱度 10 克。

【作业与思考】

1. 为什么鸡片要用蛋清和湿粉拌匀?

2. 鸡片泡油的油温是多少?

3. 鲜笋用盐水滚过的作用是什么?

鲜笋炒鸡片

【实训项目 6】

豉椒炒牛肉

【实训目的】

1. 巩固泡油炒的烹调法技术。

2.掌握牛肉切片的刀工规格和腌制技术。

3.掌握豉汁风味菜式的芡色要求。

4.掌握豉椒炒牛肉的制作方法和成品要求。

【技术理论与原理】

1.泡油炒是将主料(肉料)放入适当油温中加热至仅熟,与料头和辅料混合,在热锅中急速翻炒至熟后调入芡汁成菜的烹调方法。

2.牛肉应按横纹切成片状,然后加入用清水溶解的食粉拌匀,再放入生抽、湿粉拌匀。腌牛肉搅拌时间要长,让牛肉充分松涨、吸水、软滑。最后用生油封在牛肉面上,可保牛肉鲜红而不变黑。

3.牛肉泡油温度不能太高,八成熟即可倒起,再与辣椒一起翻炒调味。

4.炒豉汁菜式的料头是蒜蓉、姜米、葱段;芡色要求是黑芡,即用豆豉和老抽调色。

5.豉椒炒牛肉的成品要求是:成芡为黑芡,色泽均匀光亮,不泻油和芡,牛肉质感嫩滑不韧,辣椒清爽,香味浓郁。

【实训方法】

1.烹调方法:炒法——泡油炒法。

2.工艺流程:切牛肉和圆椒→腌制牛肉→调碗芡→煸炒圆椒→牛肉泡油→下料头→下主辅料→烹酒→勾碗芡→包尾油→成菜。

3.操作过程与方法:

(1)把牛肉切成片,然后加入腌料进行腌制。

(2)把圆椒切成与牛肉大小相等的件。

(3)猛火烧锅下油,放入椒件加盐略煸炒,然后倒进疏壳。

(4)将盐、味精、豆豉、老抽、胡椒粉、麻油、白糖、湿粉等调成碗芡。

(5)烧锅下油,至160摄氏度油温时,将牛肉放入泡油至八成熟,倒在笊篱沥干油分。

(6)顺锅下料头,放入椒件和牛肉。

(7)烹绍酒、下碗芡一起炒匀,加包尾油成菜,出锅上碟。

4.操作要领:

(1)掌握好牛肉的刀工和腌制关键。

(2)牛肉泡油要八成熟。

(3)圆椒煸炒不能过熟。

(4)炒制过程要用猛火,注重锅气。

【实训组织】

1.老师演示(操作示范:豉椒炒牛肉)。

2.学生实训(豉椒炒牛肉,2人一组)。

3.老师点评(小结,评分)。

【实训准备】

1.实训工具：

刀、砧板、炒锅及配套工具、味碗、圆碟、筷子。

2.实训材料（每组）：

原料：牛肉 200 克、圆椒 300 克。

调料：精盐 10 克、味精 2 克、白糖 2 克、湿粉 20 克、食用油 500 克、胡椒粉 1 克、麻油 1 克、豆豉 10 克、老抽 5 克、绍酒 20 克、蒜头 15 克、姜 5 克。

料头：蒜蓉 2 克、姜片 2 克。

【作业与思考】

1.牛肉要如何腌制？

2.圆椒煸炒时要注意什么？

3.为什么豉椒炒牛肉要用黑芡？

豉椒炒牛肉

【实训项目7】

滑蛋炒虾仁

【实训目的】

1.了解软炒法的工艺原理。

2.掌握软炒的火候技术和动作特点。

3.掌握滑蛋炒虾仁的制作方法和成品要求。

【技术理论与原理】

1. 软炒是以蛋液或牛奶加蛋清为菜肴主体,运用火候及翻炒动作技巧,使液体原料凝结成为柔软嫩滑的定型菜肴的烹调方法。

2. 蛋液和牛奶都含有丰富的蛋白质,由于蛋白质加热至60~80摄氏度时开始凝固,所以利用蛋白质凝固作用这一特性,在蛋液和牛奶中加入各种肉类原料,便可制作出清香软滑、鲜嫩可口、营养丰富的美味佳肴。

3. 虾仁要用蛋清、盐、湿粉腌制,然后泡油至仅熟,再与蛋浆拌匀炒制。

4. 滑蛋炒虾仁的成品要求是:炒蛋仅熟匀滑,凝结度好,不流蛋液,不泻油,能堆成山形;口感嫩滑,味道清香,鸡蛋与虾仁结合好。

【实训方法】

1. 烹调方法:炒法——软炒法。

2. 工艺流程:腌虾仁→调蛋浆→虾仁泡油→虾仁与蛋浆混合→炒制→上碟堆成山形→成菜。

3. 操作过程与方法:

(1)把虾仁洗净吸干水分,加入食粉、盐、湿粉腌制。

(2)把蛋液放在大碗中,加入盐、味精、麻油、胡椒粉、葱花和生油25克拌匀。

(3)烧锅下油,加温至150摄氏度,放入虾仁泡油至仅熟,倒起沥干油分。

(4)把虾仁放入蛋浆碗中,略拌匀。

(5)顺锅把拌好料的蛋浆全部倒入锅里,用中火翻炒,边炒边下油。

(6)把蛋浆炒至仅熟凝固,加包尾油,装盘堆成山形,成菜。

4. 操作要领:

(1)虾仁要先腌制,再泡油。

(2)炒锅要干净,采用猛锅阴油,中火炒制。

(3)炒制手法要轻巧灵活,蛋浆凝固堆成山形。

(4)蛋液中加入油胆增加嫩滑。

【实训组织】

1. 老师演示(操作示范:滑蛋炒虾仁)。

2. 学生实训(滑蛋炒虾仁,2人一组)。

3. 老师点评(小结,评分)。

【实训准备】

1. 实训工具:

刀、砧板、炒锅及配套工具、大碗、圆碟、筷子。

2.实训材料（每组）：

原料：鸡蛋 300 克、虾仁 150 克。

调料：精盐 4 克、食粉 1.5 克、食用油 500 克、生粉 2 克、味精 2 克、精盐 5 克、麻油 1 克、胡椒粉 0.1 克。

料头：葱花 10 克。

【作业与思考】

1.虾仁为何要先泡油再炒？

2.为何要在蛋液中加入油胆？

3.软炒的原理和技术关键是什么？

学生实训评价表   年   月   日

班别		姓名		学号	
实训项目	滑蛋炒虾仁		老师评语		
评价内容	配分	实际得分			
凝度、成型	40				
火候、色泽	30				
质感、味道	20				
卫生、洁度	10		老师签名：		
总分					

滑蛋炒虾仁

【实训项目8】

炒黄埔蛋

【实训目的】

1. 掌握软炒法的工艺原理。
2. 熟悉软炒的火候技术和动作特点。
3. 掌握炒黄埔蛋的制作方法和成品要求。

【技术理论与原理】

1. 软炒是以蛋液或牛奶加蛋清为菜肴主体,运用火候及翻炒动作技巧,使液体原料凝结成为柔软嫩滑的定型食品的烹调方法。

2. 蛋液和牛奶都含有丰富的蛋白质,由于蛋白质加热至 $60℃ \sim 80℃$ 时开始凝固,所以利用蛋白质凝固作用这一特性,在蛋液和牛奶中加入各种肉类原料,便可制作出具有清香软滑、鲜嫩可口、营养丰富的美味佳肴。

3. 炒黄埔蛋是直接用主料——鸡蛋在锅中炒制而成的一款菜式,火候、手法、成形都非常讲究。

4. 炒黄埔蛋的成品要求是:炒蛋仅熟光滑,凝结度好,不流蛋液,不泻油,成布幅形状;口感嫩滑,味道清香。

【实训方法】

1. 烹调方法:炒法——软炒法。
2. 工艺流程:调蛋浆→烧锅下→炒制造型→装碟成菜。
3. 操作过程与方法:
(1)把鸡蛋打入大碗内,加入盐、味精和猪油75克调成蛋浆。
(2)把炒锅洗净,烧热后下猪油,倒入鸡蛋浆。
(3)慢火加热,用锅铲将凝固的鸡蛋推放在一起成为布幅形皱褶。
(4)全部蛋浆凝固推成皱褶后,铲起放入碟内即可。
4. 操作要领:
(1)调蛋浆时要加入油胆。
(2)炒锅要干净,采用猛锅阴油,慢火炒制。
(3)炒制手法要轻巧灵活,蛋浆凝固后推成布幅形状。
(4)用猪油炒制更加香滑。

【实训组织】

1. 老师演示(操作示范:炒黄埔蛋)。
2. 学生实训(炒黄埔蛋,2人一组)。

3.老师点评(小结,评分)。

【实训准备】

1.实训工具:

炒锅及配套工具、大碗、圆碟、筷子。

2.实训材料(每组):

原料:鸡蛋500克。

调料:精盐2.5克、味精5克、猪油150克。

【作业与思考】

1.炒黄埔蛋与虾仁炒蛋有何区别?

2.什么是猛锅阴油?

炒黄埔蛋

【实训项目9】

大良炒牛奶

【实训目的】

1.巩固软炒的火候技术和动作特点。

2.掌握牛奶成型的方法和主辅料搭配比例。

3.掌握大良炒牛奶的制作方法和成品要求。

【技术理论与原理】

1.软炒是以蛋液或牛奶加蛋清为菜肴主体,运用火候及翻炒动作技巧,使液体原料凝结成为柔软嫩滑的定型食品的烹调方法。

2.牛奶和蛋液都含有丰富的蛋白质,由于蛋白质加热至60℃~80℃时开始凝固,所以利用蛋白质凝固作用这一特性,在蛋液和牛奶中加入各种肉类原料,便可制作出清香软滑、鲜

嫩可口、营养丰富的美味佳肴。

3.由于牛奶颜色洁白,所以只加入蛋清。炒牛奶中加入虾仁、鸡肝和蟹肉等原料是为了增加菜品的鲜味和档次;榄仁除了增加甘香以外,还丰富了菜式的口感。

4.大良炒牛奶的成品要求是:牛奶仅熟匀滑,凝结度好,不出水,不泻油,能堆成山形;口感嫩滑,味道清香,主辅料结合好。

【实训方法】

1.烹调方法:炒法——软炒法。

2.工艺流程:炸榄仁→调牛奶→虾仁、鸡肝泡油→与牛奶混合→炒制→撒榄仁→装碟堆成山形→撒上火腿末→成菜。

3.操作过程与方法:

(1)把榄仁炸好,沥干油分,摊开晾凉。

(2)取少许牛奶放在大碗里,加入精盐、味精、淀粉调匀。其余牛奶加热至将沸后倒入此大碗内,略搅匀。

(3)鸡肝飞水后沥干水分,把蟹肉蒸熟。

(4)烧锅下油,加温至150摄氏度,放入虾仁、鸡肝泡油至仅熟,倒起沥干油分。

(5)把虾仁、鸡肝、熟蟹肉、鸡蛋清都放入牛奶里面,略拌匀。

(6)净锅烧热,用生油搪过后,把拌好料的牛奶全部倒入锅里,用中火翻炒至仅熟凝固,加入炸好的榄仁,装碟,把火腿末撒在牛奶上面即可成菜。

4.操作要领:

(1)牛奶与蛋清的比例要恰当。

(2)炒锅要干净,采用猛锅阴油,中火炒制。

(3)炒制手法要轻巧灵活,牛奶凝固要成山形,不能炒得太碎。

(4)牛奶炒制的熟度要控制好,不能过熟也不能泻水。

(5)下油时机和油量要控制好,否则会泻油。

【实训组织】

1.老师演示(操作示范:大良炒牛奶)。

2.学生实训(大良炒牛奶,2人一组)。

3.老师点评(小结,评分)。

【实训准备】

1.实训工具:

刀、砧板、炒锅及配套工具、大碗、圆碟、筷子。

2.实训材料(每组):

原料:鸡蛋4个、鲜奶200克、虾仁30克、鸡肝30克、蟹肉20克、火腿5克、橄榄仁25克。

调料:精盐 6 克、粟粉 25 克、食用油 500 克。

【作业与思考】

1. 牛奶是液体为什么能炒成固体?

2. 为什么炒牛奶要用中火?

3. 为什么炒牛奶会出现豆腐花状?

大良炒牛奶

【实训项目 10】

蒜蓉炒菜心

【实训目的】

1. 了解清炒的烹调法技术。

2. 掌握清炒菜式的操作工艺和要领。

3. 掌握蒜蓉炒菜心的制作方法和成品要求。

【技术理论与原理】

1. 选用形体较小的原料(如丁、丝、球、片、块、度)或液体原料,放在有底油的热锅内,通过猛火加热和翻动原料的方式,使原料均匀成熟、着味。这种短时间快速制成一道热菜的烹调方法称为炒。

2. 根据主料的特性及对主料处理方法的不同,炒法分为泡油炒、软炒、熟炒、生炒、清炒等五种。清炒法是运用煸炒、干煸等加热方式和直接调味方式将原料烹制成菜的方法。

3. 清炒一般是对新鲜的蔬菜植物原料的烹制方法,取其清鲜爽脆的口感风味,同时也较好地保护原料当中的维生素成分,清炒菜品有益健康。

4.菜心经过剪切处理后,直接投入有少量油的热锅当中,经过急速翻炒、调味勾芡后成为一道热菜。

5.蒜蓉炒菜心的成品要求是:菜心长度合适,青绿爽脆,味道清鲜,芡汁均匀,不出水,不泻芡,有锅气。

【实训方法】

1.烹调方法:炒法——清炒法。

2.工艺流程:修剪菜心→烧锅下油→下料头→下菜心→翻炒→下味料→勾芡→包尾油→成菜。

3.操作过程与方法:

(1)把菜心洗干净后,改切成郊菜形状。

(2)猛火烧锅下油,下蒜蓉爆炒出香味。

(3)放入菜心,下精盐、味精,溅少许水急速翻炒。

(4)加入湿粉直接在锅中成芡,加包尾油后成菜上碟。

4.操作要领:

(1)猛锅下油下料,大火急速炒制。

(2)菜心下锅后要加盐和溅水焖炒,才能更加青绿。

(3)锅上勾芡时泼芡动作要快,迅速翻炒,以免芡粉凝结成团。

(4)勾芡分量要准确,恰到好处不泻芡。

【实训组织】

1.老师演示(操作示范:蒜蓉炒菜心)。

2.学生实训(蒜蓉炒菜心,2人一组)。

3.老师点评(小结,评分)。

【实训准备】

1.实训工具:

刀、砧板、炒锅及配套工具、味碗、圆碟、筷子。

2.实训材料(每组):

原料:菜心500克。

调料:精盐3克、味精3克、湿粉10克、食用油100克。

料头:蒜蓉10克。

【作业与思考】

1.清炒法的特点是什么?

2.如何炒青菜才能做到青绿爽脆?

班别			姓名		学号	
实训项目	蒜蓉炒菜心			老师评语		
评价内容	配分	实际得分				
加工、成型	30					
火候、色泽	30					
芡头、味道	30					
卫生、洁度	10			老师签名：		
总分						

蒜蓉炒菜心

【实训项目11】

豉汁炒凉瓜

【实训目的】

1. 熟悉清炒的烹调法技术。

2. 掌握烟凉瓜的工艺方法和豉汁菜肴的芡色要求。

3. 掌握豉汁炒凉瓜的制作方法和成品要求。

【技术理论与原理】

1. 根据主料的特性及对主料处理方法的不同,炒法分为泡油炒、软炒、熟炒、生炒、清炒等五种。

2.清炒一般是对新鲜的蔬菜植物原料的烹制方法,取其清鲜爽脆的口感风味,同时也较好地保护原料当中的维生素成分,有益健康。

3.“炟”就是把原料放入沸水中(或加入枧水、或加入油)以猛火加热煮透,使其变得或青绿、烚滑,或易于脱皮,或成熟松散的一种操作方法,“炟”的作用原理是:水溶液呈碱性,能固定蔬菜中的绿镁,使菜呈现鲜艳的青绿色。同时由于碱性水对纤维有一定软化作用,所以能使原料加快变烚。

4.凉瓜在炒之前要进行炟的初加工,就是把凉瓜开边去瓤后,放进加入少量碱和油的沸水中煮至青绿熟透,取出后漂水,然后改切成厚片。

5.凉瓜经过炟和刀工处理后,直接投入有少量油的热锅当中,经过急速翻炒,调味勾芡后成为一道热菜。

6.豉汁炒凉瓜的成品要求是:成芡为黑芡,色泽均匀光亮,不泻油和芡;凉瓜青绿,爽中带滑;豉味香浓,有锅气。

【实训方法】

1.烹调方法:炒法——清炒法。

2.工艺流程:炟凉瓜→改切成片→烧锅下油→下料头→下凉瓜→下味料→勾芡→包尾油→成菜。

3.操作过程与方法:

(1)把凉瓜开边后,放入沸水中,加入油和少许枧水炟至翠绿。

(2)把炟好的凉瓜用斜刀改切成厚片。

(3)猛火烧锅下油,下料头爆炒出香味。

(4)放入凉瓜,调入味料,加少许水略焖。

(5)加入湿粉直接在锅中成芡,加包尾油后成菜上碟。

4.操作要领:

(1)炟凉瓜要注意火候,要炟熟透,但是不能过烚。

(2)猛锅下油下料,大火急速炒制。

(3)锅上勾芡时泼芡动作要快,迅速翻炒,以免芡粉凝结成团。

(4)勾芡分量要准确,恰到好处不泻芡。

【实训组织】

1.老师演示(操作示范:豉汁炒凉瓜)。

2.学生实训(豉汁炒凉瓜,2人一组)。

3.老师点评(小结,评分)。

【实训准备】

1.实训工具:

刀、砧板、炒锅及配套工具、味碗、圆碟、筷子。

2.实训材料（每组）：

原料：凉瓜 500 克。

调料：精盐 2 克、味精 2 克、白糖 1 克、湿粉 10 克、食用油 500 克、麻油 1 克、豆豉 10 克、老抽 5 克、绍酒 10 克、蒜头 15 克。

料头：蒜蓉 3 克。

【作业与思考】

1.如何炟凉瓜？

2.锅上芡和碗芡有何区别？

3.简述豉汁炒的芡色。

豉汁炒凉瓜

【实训项目 12】

干炒牛河

【实训目的】

1.熟悉泡油炒的烹调法技术。

2.了解粉面类主食菜式的炒制方法。

3.掌握干炒牛河的制作方法和成品要求。

【技术理论与原理】

1.选用形体较小的原料（如丁、丝、球、片、块、度）或液体原料，放在有底油的热锅内，通过猛火加热和翻动原料的方式，使原料均匀成熟、着味。这种短时间快速制成一道热菜的烹调方法称为炒。根据主料的特性及对主料处理方法的不同，炒法分为泡油炒、软炒、熟炒、生炒、清炒等五种。

2.主料用泡油的方法处理后，再与辅料混合炒匀而成菜的方法称为泡油炒。

"干炒牛河"属于泡油炒法，是牛肉经过刀工处理后，腌制泡油，再与河粉快速翻炒、调味

成熟的一道主食热菜。其操作简便快捷,香气足,河粉爽口,牛肉嫩滑。

3. 干炒牛河的成品要求是:河粉色泽均匀明快,有光泽,无焦味,不散碎;牛肉厚薄均匀,芳香嫩滑;成品香气浓烈、不泻油。

【实训方法】

1. 烹调方法:炒法——泡油炒法。

2. 工艺流程:牛肉泡油→炒银芽、河粉→调味→加入牛肉、韭黄→成品。

3. 操作过程与方法:

(1) 把切好的牛肉加入清水、食粉、生抽、生粉和生油进行腌制。

(2) 加热油温至 130 摄氏度,放入牛肉泡油至八成熟,倒起沥干余油。

(3) 顺锅加入银芽略炒,紧接着加入河粉用中火炒出香味。

(4) 倒入牛肉炒几次,调味加入韭黄炒均匀即可。

4. 操作要领:

(1) 牛肉泡油时要注意油温不能过高。

(2) 炒制过程要用猛火,注重锅气,但不能有焦味。

(3) 河粉必须先炒香再调味,调味之后要把颜色炒匀。

(4) 炒粉要注意翻炒动作,避免河粉散碎。

(5) 炒制过程不能加水,防止泻油。

【实训组织】

1. 老师演示(操作示范:干炒牛河)。

2. 学生实训(干炒牛河,2 人一组)。

3. 老师点评(小结,评分)。

【实训准备】

1. 实训工具:

刀、砧板、炒锅及配套工具、长碟、筷子。

2. 实训材料(每组):

原料:河粉 300 克、腌好牛肉 100 克、韭黄 50 克、银芽 50 克。

调料:精盐 3 克、味精 1 克、生抽 5 克、老抽 2 克、生油 500 克。

【作业与思考】

1. 牛肉如何处理才嫩滑?

2. 干炒和湿炒有何区别?

3. 河粉要怎么炒才干爽鲜滑?

干炒牛河

【实训项目13】

肉丝炒面

【实训目的】

1. 熟悉粉面类主食菜式的炒制方法。

2. 掌握煎面的转锅和大抛翻技术。

3. 掌握肉丝炒面的制作方法和成品要求。

【技术理论与原理】

1. 选用形体较小的原料(如丁、丝、球、片、块、度)或液体原料,放在有底油的热锅内,通过猛火加热和翻动原料的方式,使原料均匀成熟、着味,这种短时间快速制成一道热菜的烹调方法称为炒。

2. 煎是将加工好的原料排放在有少量油的热锅内,用中慢火加热,使食物原料表面呈金黄色而成熟的烹调方法。扒是两种或两种以上的原料分别烹熟后,以分层次的造型装碟而成一道热菜的烹调法。

3. 肉丝炒面是将炒、煎和扒三种烹调方法集于一身的主食热菜。它将湿的细面条加少量油中火煎至两面焦香,然后把肉丝、韭黄和银芽炒熟加入汤水调味,勾芡后铺盖在煎好的面饼上,让煎得干香的面饼吸收芡汁入味成菜。"肉丝炒面"具有底料滋味甘香,面料鲜嫩软滑、香气十足的特点。

3. 肉丝炒面的成品要求是:面饼焦香,色泽金黄,韭黄银芽熟度好,肉丝嫩滑,味道鲜香,芡量合适。

【实训方法】

1. 烹调方法:炒、煎和料扒法。

2. 工艺流程:煎面饼→炒银芽肉丝→调味勾芡→铺盖→成品。

3. 操作过程与方法:

(1) 猛火烧锅,用油搪锅,把湿面加入,中火边煎边加油,煎至两面金黄色,出锅摆放在碟子上。

(2) 原锅加入生油、银芽和肉丝炒均匀,加入汤水,调味勾芡,然后加入韭黄炒均匀,铺盖在煎好的面饼上即可。

4. 操作要领:

(1) 煎面前锅要洗干净,用火烧至发红,然后下冷油搪锅。

(2) 下面条后要等底部开始发硬才能旋转。

(3) 翻转面饼时动作要迅速流畅,避免散乱。

(4) 要把两面煎至金黄色焦香才能取出。

(5) 韭黄要在成芡之后再放,芡头稀稠要适度。

【实训组织】

1. 老师演示(操作示范:肉丝炒面)。

2. 学生实训(肉丝炒面,2 人一组)。

3. 老师点评(小结,评分)。

【实训准备】

1. 实训工具:

刀、砧板、炒锅及配套工具、圆碟、筷子。

2. 实训材料(每组):

原料:湿面 300 克、肉丝 75 克、韭黄 50 克、银芽 50 克。

调料:精盐 5 克、味精 2 克、淀粉 10 克、生油 25 克。

【作业与思考】

1. 煎面饼时要掌握哪些技术关键?

2. 为什么在勾芡之后再放韭黄?

3. 炒面还有什么方法?

肉丝炒面

二、泡法菜式

"泡"是指单纯使用主料(肉料)和料头,经加热调味而成为菜品的烹调方法。泡的特点是刀工细腻,形态完整划一、鲜明美观,是一种刀工和烹调都精细的烹饪方法。泡按照是否制成汤菜,分为油泡法和汤泡法两种。

【实训项目1】

油泡肉片

【实训目的】

1. 了解烹调法泡的工艺原理和应用。

2. 初步掌握油泡菜式的操作技术。

3. 掌握油泡肉片的制作方法和成品要求。

【技术理论与原理】

1. 将刀工处理成体形较小的肉料用泡油的方法加热,经调味、勾芡制成一道热菜的烹调方法,称为油泡法。

2. 油泡法的特点是:

(1)由主料和料头组成菜肴,且主料只能是肉料。

(2)肉料体形不大,一般是净肉或不带较大的骨。

(3)肉料用泡油方法至熟。

（4）菜肴清爽洁净、味鲜质嫩、锅气足、口感好、芡紧薄而油亮。

3.油泡菜式一般使用碗芡的勾芡方法。

4.油泡肉片的成品要求是:色泽明快有光泽,肉质爽滑,清香味鲜,芡薄而紧,有芡而不泻芡,不泻油。

【实训方法】

1.烹调方法:泡法——油泡法。

2.工艺流程:调碗芡→肉片泡油→下料头→下肉片→烹酒→勾芡→包尾油→成菜。

3.操作过程与方法:

（1）把瘦肉切成肉片,用湿粉拌匀。

（2）将盐、味精、麻油、白糖、湿粉等调成碗芡。

（3）烧锅下油,待油温至150摄氏度时将肉片放入泡油至仅熟,倒起沥干油分。

（4）随锅下蒜蓉、葱椟,倒入肉片,烹料酒。

（5）调入碗芡,用锅铲快速炒匀。

（6）加包尾油,出锅装碟成菜。

4.操作要领:

（1）肉片泡油时要仅熟,不可过火。

（2）肉片泡油后要沥干表面油分,锅内余油不能多。

（3）要用碗芡的勾芡方法,芡粉的比例要恰当。

（4）用猛火烹制,注重锅气。

（5）包尾油不能过多,否则易泻油。

【实训组织】

1.老师演示（操作示范:油泡肉片）。

2.学生实训（油泡肉片,2人一组）。

3.老师点评（小结,评分）。

【实训准备】

1.实训工具:

刀、砧板、炒锅及配套工具、味碗、圆碟、筷子。

2.实训材料（每组）:

原料:瘦肉300克。

调料:精盐2克、味精2克、白糖1克、食用油500克、麻油1克、绍酒10克、湿粉10克。

料头:蒜蓉1克、葱椟3克。

【作业与思考】

1.油泡法与泡油炒法有何区别?

2.肉片泡油前为何要拌湿粉?

3.油泡菜式泻油、泻芡的原因是什么?

学生实训评价表　　　　　　　　年　　月　　日

班别			姓名		学号	
实训项目	油泡肉片			老师评语		
评价内容	配分	实际得分				
刀工	20					
火候	20					
芡头	30					
味道	20					
卫生	10		老师签名:			
总分						

油泡肉片

【实训项目2】

香滑生鱼球

【实训目的】

1.了解起鱼肉和改切鱼球的刀工技术。

2.掌握油泡菜式的操作要领。

3.掌握香滑生鱼球的制作方法和成品要求。

【技术理论与原理】

1.油泡是将刀工处理成体形较小的肉料,用泡油的方法加热,经调味、勾芡制成一道热菜的烹调方法。油泡菜式由主料和料头组成菜肴,且主料只能是肉料,一般是净肉或不带较大的骨。

2.把鱼肉改切成厚件,经泡油加热,鱼肉收缩卷曲象球状,所以称为"鱼球"。

3.鱼球的刀工要求是大小一致,厚薄均匀,形格美观。

4.香滑生鱼球的成品要求是:鱼球熟度恰好,肉质爽滑,清香味鲜,色泽洁白,成芡均匀油亮,不泻油,不泻芡。

【实训方法】

1.烹调方法:泡法——油泡法。

2.工艺流程:起鱼肉→切鱼球→调碗芡→鱼球泡油→下料头→下鱼球→烹酒→勾碗芡→包尾油→成菜。

3.操作过程与方法:

(1)把生鱼起肉,然后改切成件,加精盐拌匀。

(2)将盐、味精、麻油、胡椒粉、白糖、湿粉等调成碗芡。

(3)烧锅下油,至油温180摄氏度时,将鱼球放入泡油至仅熟,倒起沥干油分。

(4)随锅下葱榄、姜花,放入鱼球,烹入料酒。

(5)调入碗芡,用锅铲翻炒均匀。

(6)加包尾油,出锅上碟成菜。

4.操作要领:

(1)杀鱼放血要干净,鱼球改切合乎规格。

(2)鱼球泡油时要控制好油温,仅熟不可过火。

(3)鱼球泡油后要沥干表面油分,锅内余油不能多。

(4)要用碗芡的勾芡方法,芡粉的比例要恰当。

(5)包尾油不能过多,否则易泻油。

【实训组织】

1.老师演示(操作示范:香滑生鱼球)。

2.学生实训(香滑生鱼球,2人一组)。

3.老师点评(小结,评分)。

【实训准备】

1.实训工具:

刀、砧板、炒锅及配套工具、味碗、长碟、筷子。

2. 实训材料(每组):

原料:生鱼1条。

调料:精盐6克、味精3克、白糖2克、食用油500克、麻油1克、绍酒10克、生粉10克、胡椒粉2克、麻油2克。

料头:姜花5克、葱榄3克。

【作业与思考】

1. 生鱼球的刀工规格是多少?

2. 生鱼球为何要先下盐拌匀?

3. 鱼球泡油的温度是多少?

香滑生鱼球

 【实训项目3】

油泡土鱿

【实训目的】

1. 熟悉油泡菜式的烹调方法。

2. 掌握改切鱿鱼的刀工技术。

3. 掌握油泡土鱿的制作方法和成品要求。

【技术理论与原理】

1. 油泡是将刀工处理成体形较小的肉料,用泡油的方法加热,经调味、勾芡制成一道热菜的烹调方法。油泡菜式由主料和料头组成菜肴,且主料只能是肉料,一般是净肉或不带较大的骨。

2. 油泡菜式的固定料头是蒜蓉、姜花和葱榄,个别菜式会有调整。

3. 涨发好的干鱿鱼经刀工处理后可以成为许多不同的形状,较常见的是切成麦穗花形。

4. 油泡土鱿的成品要求是:鱿鱼刀工均匀,花纹清晰,形格美观;口感爽脆不韧,锅气足,味道鲜美;芡色金黄油亮,不泻油,不泻芡。

【实训方法】

1. 烹调方法:泡法——油泡法。

2. 工艺流程:切鱿鱼→调碗芡→鱿鱼泡油→下料头→下鱿鱼→烹酒→勾碗芡→包尾油→成菜。

3. 操作过程与方法:

(1)在鱿鱼肚上用竖刀刻直纹,调转过来,用斜刀刻斜纹成为菱形花纹,然后切三角形的块。

(2)将盐、味精、麻油、胡椒粉、白糖、湿粉、生抽等调成碗芡(金黄芡)。

(3)烧锅下油,至油温150摄氏度时,将鱿鱼放入泡油至仅熟,倒起沥干油分。

(4)随锅下蒜蓉、葱榄、姜花,放入鱿鱼,烹入料酒。

(5)调入碗芡,用锅铲翻炒均匀。

(6)加包尾油,出锅装碟成菜。

4. 操作要领:

(1)鱿鱼刻刀精细,刀路均匀,花纹清晰。

(2)鱿鱼泡油时要控制好油温。

(3)鱿鱼泡油后要沥干表面油分,锅内余油不能多。

(4)要用碗芡的勾芡方法,芡粉的比例要恰当。

(5)包尾油不能过多,否则易泻油。

【实训组织】

1. 老师演示(操作示范:油泡土鱿)。

2. 学生实训(油泡土鱿,2人一组)。

3. 老师点评(小结,评分)。

【实训准备】

1. 实训工具:

刀、砧板、炒锅及配套工具、味碗、长碟、筷子。

2.实训材料(每组):

原料:发好鱿鱼 400 克。

调料:精盐 2 克、味精 2 克、白糖 2 克、食用油 500 克、麻油 1 克、绍酒 10 克、生粉 10 克、胡椒粉 2 克、麻油 2 克、生抽 3 克。

料头:姜花 5 克、葱榄 3 克、蒜蓉 2 克。

【作业与思考】

1. 油泡土鱿使用什么芡色?

2. 油泡土鱿和油泡鲜鱿在操作上有何区别?

油泡土鱿

【实训项目4】

汤泡肾球

【实训目的】

1. 了解汤泡菜式的工艺原理和应用。

2. 掌握改切肾球的刀工技术。

3. 掌握汤泡肾球的制作方法和成品要求。

【技术理论与原理】

1. 汤泡是指将肉料或飞水、或浸熟、或再煸爆后,放入有料头垫底的窝(一种盛汤的器皿)内,浇上汤汁,成为一道带汤菜肴的烹调方法。

2. 汤泡法的特点是汤清鲜,肉爽滑,刀工精细美观。

3.肉类带腥味的要在飞水后下锅溅酒煸炒,以去腥增香。

4.落窝时应将肉料摆放整齐,压着料头(芫荽或葱丝),内脏性的原料可放入麻油和胡椒粉。

5.汤泡肾球的成品要求是:汤清,味鲜,肾球花纹清晰,造型美观,口感爽脆。

【实训方法】

1.烹调方法:泡法——汤泡法。

2.工艺流程:切肾球→肾球飞水→煸爆肾球→落窝造型→烧上汤→淋入上汤→成菜。

3.操作过程与方法:

(1)将鸭肾一开为二铲去肾衣,用横直刀刻井字文成为肾球。

(2)烧锅下清水,煮沸后下肾球飞至仅熟捞起。

(3)猛火烧锅下少许生油,放入肾球,溅酒,迅速翻炒,然后倒入疏壳。

(4)将洗净的芫荽(或葱丝)放在汤窝的底部,把肾球叠放在上面。

(5)撒上胡椒粉。

(6)烧锅下上汤,调味,慢火煮沸。

(7)把上汤轻轻淋入窝内即成菜。

4.操作要领:

(1)肾球刻刀精细,刀路均匀,花纹清晰。

(2)肾球飞水后要入锅煸爆。

(3)肾球要在窝内叠放,使造型美观。

(4)上汤不能大滚,否则会浑浊。

(5)淋汤时注意手法,以免破坏造型。

【实训组织】

1.老师演示(操作示范:汤泡肾球)。

2.学生实训(汤泡肾球,2人一组)。

3.老师点评(小结,评分)。

【实训准备】

1.实训工具:

刀、砧板、炒锅及配套工具、汤窝、筷子。

2.实训材料(每组):

原料:鸭肾400克、淡二汤(又称"二汤")1000克。

调料:精盐、味精、白糖、绍酒、胡椒粉、麻油。

料头:芫荽25克。

【作业与思考】

1.汤泡和油泡的区别是什么?

2．汤泡菜式有何特点?

3．肾球为何在飞水后还要煸爆?

学生实训评价表　　　　　　　年　　月　　日

班别			姓名		学号	
实训项目	汤泡肾球			老师评语		
评价内容	配分	实际得分				
刀工	30					
造型	20					
汤色	20					
味道	20					
卫生	10		老师签名：			
总分						

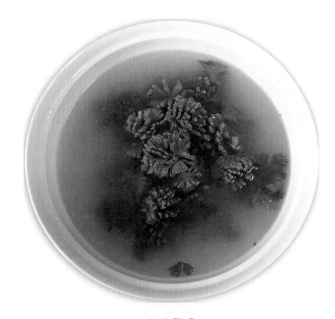

汤泡肾球

三、蒸法菜式

　　蒸是将经过调味处理的原料盛于器皿中,以蒸汽传导加热成熟的烹调方法。蒸制菜肴能保持原料的原汁原味和整体形状,成菜一般比较注重整体美观和造型。蒸制的菜式是由

蒸汽进行直接加热,因此蒸制的火候取决于蒸汽量的大小。

【实训项目1】

清蒸滑鸡

【实训目的】

1. 了解烹调法蒸的技术原理和工艺。

2. 初步掌握蒸的火候运用。

3. 掌握清蒸滑鸡的制作方法和成品要求。

【技术理论与原理】

1. 用蒸的烹调法制作菜肴时,要根据原料的特性和菜式的要求采用不同的蒸汽量,而蒸汽量与火力大小相关,所以蒸汽量以猛火、中火、慢火来区分。

2. 凡是蒸家禽畜类和田鸡等时,应该采用中火来蒸制。中火蒸制的菜肴肉质光滑有汁,口感嫩滑。如用猛火蒸则肉质收缩过度、泻油;慢火蒸则导致烹制时间长、肉质暗淡无光泽。

3. 蒸家禽畜类都要用干生粉拌均匀,原因是所蒸的肉类都含有水分,用干生粉拌匀可吸收一些水分,使原料蒸熟以后肉色鲜明有光泽。

4. 清蒸滑鸡属于平蒸法。所谓平蒸,是指将原料平铺在碟子上蒸制的方法,大部分的菜式都是采用平蒸法。

5. 清蒸滑鸡的成品要求是:鸡件均匀,造型美观,色泽鲜明有光泽,滋味清鲜,有冬菇香味,熟透,汁清,离碟。

【实训方法】

1. 烹调方法:蒸法——平蒸。

2. 工艺流程:斩鸡件→调味→拌干生粉→拌油→蒸制→加葱段→成品。

3. 操作过程与方法:

(1)鸡件加精盐、味精拌均匀。

(2)拌生粉,加入生油。

(3)将拌好味的鸡件加入菇片拌匀平铺在碟上,把姜片、葱段放在鸡面。

(4)放入蒸笼用中火蒸熟。

4. 操作要领:

(1)鸡斩件大小均匀,先调味再加入冬菇片。

(2)先拌入干生粉,然后再加油,如果顺序相反则会泻粉。

(3)要用中火蒸制。

(4)判断蒸鸡成熟的标准是:光滑、汁清、鸡肉略紧、离碟。

【实训组织】

1. 老师演示(操作示范:清蒸滑鸡)。
2. 学生实训(清蒸滑鸡,2 人一组)。
3. 老师点评(小结,评分)。

【实训准备】

1. 实训工具:

刀、砧板、蒸锅、长碟、筷子。

2. 实训材料(每组):

原料:光鸡 250 克,冬菇 20 克 。

调料:精盐 3 克、味精 2 克、白糖 1 克、淀粉 10 克、食用油 15 克、胡椒粉 1 克、麻油 1 克、姜 5 克、葱 15 克。

料头:姜片 5 克、冬菇片 15 克、葱段 15 克。

【作业与思考】

1. 蒸法如何区分火候?
2. 鸡块为何要先拌生粉再下油?
3. 判断蒸鸡成熟的方法是什么?

学生实训评价表　　　　　　年　　月　　日

班别		姓名		学号	
实训项目	清蒸滑鸡		老师评语		
评价内容	配分	实际得分			
刀工、造型	20				
火候、熟度	30				
色泽、汁液	20				
质感、味道	20				
卫生、洁度	10		老师签名:		
总分					

清蒸滑鸡

【实训项目2】

豉汁蒸排骨

【实训目的】

1. 掌握蒸法的技术要领。
2. 熟悉蒸禽畜肉类的火候运用。
3. 掌握豉汁蒸排骨的制作方法和成品要求。

【技术理论与原理】

1. 蒸是将原料经过处理后加调味料或与其他辅料调和之后,盛于器皿中,以蒸汽传导加热成熟的烹调方法。

2. 排骨属于家畜类,应该采用中火来蒸制。中火蒸制的菜肴肉质光滑有汁,口感嫩滑。如用猛火蒸则肉质收缩过度、泻油;慢火蒸则导致烹制时间长、肉质暗淡无光泽。

3. 蒸家畜类都要用干生粉拌均匀,原因是所蒸的肉类都含有水分,用干生粉拌匀可吸收一些水分,使原料蒸熟以后肉色鲜明有光泽。

4. 蒸的烹调法多数是烹制前调味或烹制后调味。豉汁蒸排骨属于烹制前调味,主要是用豆豉、蒜蓉、姜米和味料等调制成豉汁风味。

5. 豉汁蒸排骨的成品要求是:排骨斩件大小均匀,上碟平摆整齐,汁清离碟,有豆豉香味,色泽鲜明,有光泽。

【实训方法】

1. 烹调方法：蒸法——平蒸。
2. 工艺流程：处理排骨→调味→拌干生粉→拌油→蒸制→加葱段→成品。
3. 操作过程与方法：
（1）排骨斩件，用清水洗净血污。
（2）调豉汁，将豉汁与排骨拌匀，再加入生粉拌匀。
（3）排骨拌入生油后平铺在碟上。
（4）放入蒸笼，用中火蒸制。
（5）蒸熟后放入葱段。
4. 操作要领：
（1）排骨斩件均匀，洗净血污。
（2）调制豉汁下味要准确。
（3）要用中火蒸制。
（4）判断蒸排骨成熟的标准是：光滑、汁清、骨突出、离碟。

【实训组织】

1. 老师演示（操作示范：豉汁蒸排骨）。
2. 学生实训（豉汁蒸排骨，2人一组）。
3. 老师点评（小结，评分）。

【实训准备】

1. 实训工具：
刀、砧板、蒸锅、碟、筷子。
2. 实训材料（每组）：
原料：排骨250克。
调料：精盐3克、味精2克、白糖1克、淀粉10克、食用油15克、胡椒粉2克、麻油2克、豆豉15克、老抽2克、蒜头10克、葱15克。
料头：蒜蓉5克、葱段10克、豉汁15克。

【作业与思考】

1. 蒸排骨泻粉的原因是什么？
2. 蒸排骨为何要用中火？
3. 如何判断蒸排骨是否成熟？

豉汁蒸排骨

【实训项目3】

豉油皇蒸生鱼

【实训目的】

1. 了解蒸制海鲜鱼类的火候运用。

2. 掌握起生鱼的刀法技术。

3. 掌握豉油皇蒸生鱼的制作方法和成品要求。

【技术理论与原理】

1. 蒸是将经过调味处理的原料盛于器皿中,以蒸汽传导加热成熟的烹调方法。蒸制菜肴能保持原料的原汁原味和整体形状,成菜一般比较注重整体美观和造型。蒸制的菜式是由蒸汽进行直接加热,因此蒸制的火候取决于蒸汽量的大小。

2. 海鲜类原料由于水分含量大、肉质鲜嫩、蛋白质丰富,如果加热时间过长则会造成肉质不鲜嫩。因此凡蒸制海鲜鱼类都要使用猛火才能保证菜式的新鲜和质感。

3. 蒸的烹调法多数是烹制前调味或烹制后调味。豉油皇蒸生鱼属于烹制前后均调味,主要是蒸前在鱼身抹盐使其有底味,蒸熟后淋豉油皇。

4. 豉油皇蒸生鱼的成品要求是:

(1) 鱼肉洁白,外形美观,无鱼鳞残留。

(2) 鱼肉味道清鲜,口感爽滑。

(3) 豉油色酱红,香味浓,油量适度。

【实训方法】

1. 烹调方法:蒸法——平蒸。

2. 工艺流程:起生鱼→涂精盐→垫长葱条,鱼装碟→蒸制→换碟加葱丝、姜丝→淋热油→淋豉油→成品。

3. 操作过程与方法:

(1) 把生鱼剁好洗干净,用干布抹干鱼身表面的水分。

(2) 用精盐6克均匀涂于鱼身内外,然后把长葱条横放在长鱼碟上,把生鱼放于两条葱之上。

(3) 再把姜片放在鱼身上,并淋上生油。

(4) 上蒸笼猛火蒸制4~6分钟至鱼刚熟。

(5) 把蒸熟的生鱼转入另外一只净碟,去掉姜片和葱条,把准备好的姜丝、葱丝放在蒸好的鱼身上。

(6) 猛火烧锅,加入生油,加热至沸后淋在鱼身上,撒上胡椒粉,在碟边淋上豉油即成。

4. 操作要领:

(1) 起生鱼必须符合刀工要求。

(2) 要抹干鱼身表面水分,涂上底味。

(3) 水烧沸后再入笼蒸制,必须使用猛火,蒸制时间根据鱼大小而定。

(4) 蒸好的鱼需换碟,要去掉姜片和葱条。

(5) 淋在鱼面的油要滚烫,豉油要淋在碟边而不是鱼肉上。

【实训组织】

1. 老师演示(操作示范:豉油皇蒸生鱼)。

2. 学生实训(豉油皇蒸生鱼,2人一组)。

3. 老师点评(小结,评分)。

【实训准备】

1. 实训工具:

刀、砧板、蒸锅、炒锅和炉灶工具、长碟、筷子。

2. 实训材料(每组):

原料:生鱼1条。

调料:精盐3克、白糖1克、食用油50克、胡椒粉3克、麻油2克、姜10克、葱15克、蒸鱼酱油25克。

料头:姜丝3克、葱丝5克、葱条10克。

【作业与思考】

1. 蒸鱼为何要在鱼底垫入葱条?

2. 鱼蒸熟后为何要转碟?

3. 为何要在蒸好的鱼上淋热油?

豉油皇蒸生鱼

【实训项目4】

麒麟生鱼

【实训目的】

1. 进一步掌握海鲜鱼类的蒸制方法。
2. 掌握拼摆工艺菜式的手法和颜色搭配。
3. 掌握麒麟蒸鱼的制作方法和成品要求。

【技术理论与原理】

1. 蒸是将经过调味处理的原料盛于器皿中,以蒸汽传导加热成熟的烹调方法。蒸制菜肴能保持原料的原汁原味和整体形状,成菜一般比较注重整体美观和造型。

2. 海鲜类原料由于水分含量大、肉质鲜嫩、蛋白质丰富,如果加热时间过长则会造成肉质不鲜嫩。因此凡蒸制海鲜鱼类都要使用猛火才能保证菜式的新鲜和质感。

3. 两种以上的原料经刀工处理后有规律地摆砌在碟子上蒸熟成菜的方法又称为排蒸法。

4. 麒麟生鱼属于拼摆工艺菜式,这种菜式一般由主料和辅料共同构成,讲究原料的刀工切配和拼摆手法,注重工艺造型和色彩搭配。

5. 麒麟生鱼的成品要求是:主副料刀工精细,摆砌整齐,造型美观;鱼肉洁白,肉滑味鲜,口感好;光泽度好,色泽鲜艳,芡色芡汁恰当。

【实训方法】

1. 烹调方法:蒸法——排蒸。
2. 工艺流程:生鱼和辅料切片→处理鱼片和辅料→摆砌→加入姜片→蒸制→煸炒菜远→淋芡→成品。

3. 操作过程与方法：

（1）把生鱼打鳞去鳃，起出两条鱼肉，保留鱼头和鱼尾。将鱼头先蒸至近熟待用。

（2）将鱼肉切长 4.6 厘米、宽 3.2 厘米、厚 0.5 厘米的长方形片 24 片，湿冬菇、火腿各切成同样规格的长方形薄片 24 片，改笋花 24 片飞水。

（3）在鱼片中加入精盐 2 克、胡椒粉 0.25 克、生粉 5 克拌匀，再加麻油 0.26 克和猪油 15 克拌均匀。

（4）按笋花、冬菇片、鱼肉片、火腿片的顺序每四片夹成一夹，分排于碟中成三行，每行 8 夹。在后端放入鱼尾，前端放回鱼头，鱼嘴向上。最后，在每行生鱼表面间隔放上姜花。

（5）上笼用猛火蒸约 5 分钟至刚熟，出笼，倒去碟中汁水。

（6）猛火烧锅，下油、菜软和精盐 2 克，把菜软煽炒至仅熟，倒出，沥干水分，摆放在每行生鱼之间和两边。

（7）用油起锅，溅入绍酒，加入淡二汤，调味勾芡淋在生鱼夹上面即成。

4. 操作要领：

（1）各种主副料切制规格要一致，笋花形状美观。

（2）摆砌各种料件时要贴合紧密，排列造型要整齐。

（3）必须用猛火蒸制。

（4）鱼头比较难熟所以要先蒸一下。

（5）勾芡要均匀淋在每一块原料表面。

【实训组织】

1. 老师演示（操作示范：麒麟生鱼）。

2. 学生实训（麒麟生鱼，2 人一组）。

3. 老师点评（小结，评分）。

【实训准备】

1. 实训工具：

刀、砧板、蒸锅、炒锅及配套工具、长碟、筷子。

2. 实训材料（每组）：

原料：生鱼 1 条约 750 克、火腿 30 克、笋肉 100 克、冬菇 20 克、菜心 500 克。

调料：精盐 5 克、味精 3 克、白糖 1 克、淀粉 10 克、食用油 50 克、胡椒粉 1 克、麻油 1 克、姜 10 克、葱 15 克。

料头：姜花 3 克。

【作业与思考】

1. 为什么蒸制海鲜鱼类要使用猛火？

2. 麒麟生鱼要达到成型美观必须注意哪些问题？

3. 为何要在蒸好的麒麟生鱼上面淋芡？

学生实训评价表　　　　　　　　年　　月　　日

班别		姓名		学号	
实训项目	麒麟生鱼		老师评语		
评价内容	配分	实际得分			
刀工、造型	20				
火候、熟度	30				
色泽、芡汁	20				
质感、味道	20				
卫生、洁度	10		老师签名：		
总分					

麒麟生鱼

【实训项目5】

鱼片蒸鸡蛋

【实训目的】

1. 了解蛋类的蒸制原理。

2. 掌握蒸水蛋的浓度配比和火候运用。

3. 掌握鱼片蒸鸡蛋的制作方法和成品要求。

【技术理论与原理】

1. 蒸是将经过调味处理的原料盛于器皿中,以蒸汽传导加热成熟的烹调方法。蒸制菜肴能保持原料的原汁原味和整体形状,成菜一般比较注重整体美观和造型。

2. 用蒸的烹调法制作菜肴时,要根据原料的特性和菜式的要求采用不同的蒸汽量,而蒸汽量与火力大小相关,所以蒸汽量以猛火、中火、慢火来区分。

3. 蛋类含有丰富的蛋白质,蛋白质在受热至 60℃ ~ 80℃时开始凝固,所以在蒸制蛋类原料时要使用慢火。慢火蒸蛋可以使成品表面平滑,色泽鲜艳,口感嫩滑。如果用火过猛,成品则会呈海绵状,口感粗糙。

4. 鱼片蒸蛋是要在蒸水蛋的基础上放上鱼片,必须掌握好放入鱼片的时机。

5. 鱼片蒸蛋的成品要求是:鱼片熟度合适,肉质嫩滑,味道鲜;鸡蛋凝度好,成型均匀美观。

【实训方法】

1. 烹调方法:蒸法——平蒸。

2. 工艺流程:切鱼片→调蛋液→蒸制→淋油、胡椒粉→撒上葱花→成品。

3. 操作过程与方法:

(1) 把鱼肉切薄片,加入 1 克精盐、姜丝和少许生油拌匀。

(2) 将鸡蛋搅烂后加入盐、味精和清水。

(3) 把调好的蛋液倒入深碟,放入蒸笼用慢火蒸制。

(4) 当蛋液蒸约八成熟时,把鱼片逐件摆放在水蛋表面,继续蒸熟。

(5) 蒸好的鱼片鸡蛋取出后淋上熟油和生抽,撒上胡椒粉和葱花即可。

4. 操作要领:

(1) 鱼肉切片不能太厚,要先用盐略腌。

(2) 鸡蛋和水的比例必须掌握好,水多则鸡蛋蒸不凝,水少则口感不嫩。

(3) 必须用慢火蒸制。

(4) 鱼片要在鸡蛋八成熟时放下,过早则鱼片下沉,过迟则蛋蒸老。

【实训组织】

1. 老师演示(操作示范:鱼片蒸鸡蛋)。

2. 学生实训(鱼片蒸鸡蛋,2 人一组)。

3. 老师点评(小结,评分)。

【实训准备】

1. 实训工具:

刀、砧板、蒸锅、深碟、筷子。

2. 实训材料(每组):

原料:鱼肉 200 克、鸡蛋 4 只。

调料:精盐 6 克、食用油 25 克、胡椒粉 3 克、麻油 2 克、生抽 15 克。

料头:姜丝 5 克、葱花 3 克。

【作业与思考】

    1. 为什么蒸蛋要使用慢火？

    2. 鱼片什么时候放入最合适？

学生实训评价表   年   月   日

班别		姓名		学号	
实训项目		鱼片蒸鸡蛋		老师评语	
评价内容	配分	实际得分			
火候、凝度	40				
刀工、造型	20				
质感、味道	30				
卫生、洁度	10			老师签名：	
总分					

鱼片蒸鸡蛋

四、焖法菜式

将碎件原料经油泡、爆炒、炸或煲熟后,放在炒锅中爆香,加入汤水和调味品,加盖用中火加热至软熟,经勾芡而成一道热菜的烹调方法称为焖。根据焖前原料的生熟状态,焖法分为生焖法、熟焖法和红焖法。

【实训项目1】

蚝油焖鸡

【实训目的】

1. 了解烹调法焖的技术原理和应用。
2. 初步掌握几种焖法的工艺流程。
3. 掌握蚝油焖鸡的制作方法和成品要求。

【技术理论与原理】

1. 焖制的原料大多数是带骨和相对较大块的,所以烹制时间比炒、泡的烹调方法要长,以便肉料熟透并溢出肉香气味。
2. 焖的特点是:汁浓、味厚、馥郁、肉料软滑、芡汁稍宽。
3. 生焖就是生料经油泡或酱爆后焖熟的方法。泡油生焖品种变化较多,制作比较简便,因此较为常用。它的特点是菜式肉质鲜嫩,色泽鲜明,芡色变化较多。蚝油焖鸡属于生焖。
4. 蚝油焖鸡的成品要求是:鸡块大小均匀,色泽明快,味道鲜美,有蚝油香味,肉质嫩滑,芡量恰当,浓度适中。

【实训方法】

1. 烹调方法:焖法——生焖。
2. 工艺流程:斩鸡件→鸡件泡油→爆香料头→调味→焖制→勾芡→成品。
3. 操作过程与方法:
(1) 把光鸡洗净、斩件,用少量生粉拌匀。
(2) 烧锅下油,加热至150摄氏度,把鸡件泡油至八成熟,倒起沥干油。
(3) 顺锅加入蒜蓉、姜花和鸡件,烹料酒,加入蚝油和其他调味料。
(4) 加盖用中火焖。
(5) 焖熟后勾入芡粉,加入葱段,再加包尾油即可上碟。
4. 操作要领:
(1) 鸡斩件大小要均匀,用少量生粉拌匀。
(2) 加入水量要适中,过多过少都会有影响。

181

（3）要加盖，用中火焖制。

（4）芡色明快，芡量稍宽泻脚。

【实训组织】

1. 老师演示（操作示范：蚝油焖鸡）。

2. 学生实训（蚝油焖鸡，2人一组）。

3. 老师点评（小结，评分）。

【实训准备】

1. 实训工具：

刀、砧板、炒锅及配套工具、圆碟、筷子。

2. 实训材料（每组）：

原料：光鸡300克、冬菇10克。

调料：蚝油15克、姜汁酒10克、精盐6克、白糖1克、胡椒粉1克、味精2克、老抽1克、麻油2克、生粉10克、蒜头10克、姜10克、葱10克。

料头：蒜蓉5克、姜片5克、葱段10克。

【作业与思考】

1. 生焖时为何肉料要先泡油再焖制？

2. 焖为何要使用中火？

3. 为什么焖的菜式芡要稍大？

学生实训评价表 　　　　年　　月　　日

班别		姓名		学号	
实训项目	蚝油焖鸡		老师评语		
评价内容	配分	实际得分			
刀工、造型	20				
火候、熟度	30				
色泽、芡汁	20				
质感、味道	20				
卫生、洁度	10				
总分			老师签名：		

蚝油焖鸡

【实训项目2】

生焖鲩鱼

【实训目的】

1. 掌握烹调法焖的技术原理。

2. 熟悉生焖法的操作工艺。

3. 掌握生焖鲩鱼的制作方法和成品要求。

【技术理论与原理】

1. 将碎件原料经油泡、爆炒、炸或煲熟后,放在炒锅中爆香,加入汤水和调味品,加盖用中火加热至软熟,经勾芡而成一道热菜的烹调方法称为焖。

2. 焖制的原料大多数是带骨和相对较大块的,所以烹制时间比炒、泡的烹调方法要长,以便肉料熟透并溢出肉香气味。

3. 生焖就是生料经油泡或酱爆后焖熟的方法。肉质软嫩的用泡油方法,肉质较韧的用酱料爆香后焖制。泡油生焖品种变化较多,菜式芡色变化也较多,制作比较简便,因此较为常用。生焖鲩鱼属于生焖。

4. 生焖鲩鱼的成品要求是:鱼块形状完整,色泽鲜明,肉质嫩滑,味道清鲜,芡量适中。

【实训方法】

1. 烹调方法:焖法——生焖。

2. 工艺流程:斩鱼件→鱼件泡油→爆香料头→调味→焖制→勾芡→成品。

3. 操作过程与方法:

(1) 把鲩鱼洗净、斩件,用精盐 1 克拌匀。

(2) 烧锅下油,加热至 150 摄氏度,把鱼件放入泡油至八成熟,倒起沥干油。

(3) 顺锅加入蒜蓉、姜丝、肉丝、菇丝爆香,烹料酒,加水。

(4) 放入鱼件,调入精盐、味精、白糖,加盖略焖至熟。

(5) 放入胡椒粉、麻油,调入湿粉勾芡,加包尾油,面上撒葱丝即可装碟。

4. 操作要领:

(1) 鱼件大小要均匀,用少许盐拌匀。

(2) 鱼件泡油要八成熟。

(3) 用中火焖制,时间不要太长。

(4) 勾芡时注意手法,既要均匀,也不要把鱼件搅碎。

【实训组织】

1. 老师演示(操作示范:生焖鲩鱼)。

2. 学生实训(生焖鲩鱼,2 人一组)。

3. 老师点评(小结,评分)。

【实训准备】

1. 实训工具:

刀、砧板、炒锅及配套工具、圆碟、筷子。

2. 实训材料(每组):

原料:净鲩鱼 500 克。

调料:绍酒 10 克、精盐 6 克、味精 5 克、白糖 1 克、胡椒粉 1 克、麻油 2 克、生粉 10 克、生油 1000 克。

料头:肉丝 50 克、蒜蓉 3 克、姜丝 5 克、葱丝 15 克、菇丝 25 克。

【作业与思考】

1. 鱼件泡油前为何要用盐拌匀?

2. 生焖鲩鱼保持鱼件完整要注意什么?

3. 生焖有何风味特点?

生焖鲩鱼

【实训项目3】

红焖鲩鱼

【实训目的】

1. 掌握红焖法的工艺原理和技术要领。
2. 掌握红焖鲩鱼的制作方法和成品要求。

【技术理论与原理】

1. 将碎件原料经油泡、爆炒、炸或煲熟后,放在炒锅中爆香,加入汤水和调味品,加盖用中火加热至软熟,经勾芡而成一道热菜的烹调方法称为焖。

2. 红焖就是将肉料加盐腌制后拍干粉,用油炸至身硬后,在锅里加汤调味、调色焖透再勾芡的烹调方法。所以红焖法又称为炸焖法,主要适合于鱼类原料的制作。

3. 红焖法由于先炸透后焖制,所以具有干香、熸滑、味香浓的特点。红焖法都应调色。

4. 红焖鲩鱼的成品要求是:鱼块形状完整,口感酥香,鱼肉软滑,滋味鲜美,香味浓郁,芡色金黄,芡汁合适均匀。

【实训方法】

1. 烹调方法:焖法——红焖。

2. 工艺流程:斩鱼件→鱼件腌味拍粉→炸鱼件→焖制→勾芡→成品。

3. 操作过程与方法:

(1) 把鲩鱼洗净、斩件,用精盐 1 克拌匀,均匀拍上干粉。

(2) 烧锅下油,加热至 180 摄氏度,把鱼件放入炸熟后捞起。

(3) 顺锅加入蒜蓉、姜丝、肉丝、菇丝爆香,烹料酒,加水。

(4) 放入炸好的鱼件,调入精盐、味精、白糖、老抽,加盖焖透。

(5) 放入胡椒粉、麻油,调入湿粉勾芡,加包尾油,面上撒葱丝即可上碟。

4. 操作要领:

(1) 鱼件大小要均匀,水分要沥干。

(2) 用少许盐拌匀,上粉不能太厚。

(3) 炸鱼油温不能低,鱼肉要炸干。

(4) 用中火焖制,勾芡要均匀。

【实训组织】

1. 老师演示(操作示范:红焖鲩鱼)。

2. 学生实训(红焖鲩鱼,2 人一组)。

3. 老师点评(小结,评分)。

【实训准备】

1. 实训工具:

刀、砧板、炒锅及配套工具、圆碟、筷子。

2. 实训材料(每组):

原料:净鲩鱼 500 克。

调料:绍酒 10 克、精盐 6 克、味精 5 克、白糖 1 克、胡椒粉 1 克、麻油 2 克、生粉 75 克、老抽 7.5 克、生油 1500 克。

料头:肉丝 30 克、蒜蓉 3 克、姜丝 5 克、葱丝 15 克、菇丝 25 克。

【作业与思考】

1. 为什么炸鱼的油温不能低?

2. 炸鱼为什么要上干生粉?

3. 红焖鲩鱼和生焖鲩鱼有何区别?

红焖鱿鱼

【实训项目4】

红焖牛腩

【实训目的】

1. 熟悉烹调法焖的工艺原理。

2. 了解熟焖法的技术运用。

3. 掌握红焖牛腩的操作方法和成品要求。

【技术理论与原理】

1. 将碎件原料经油泡、爆炒、炸或煲熟后，放在炒锅中爆香，加入汤水和调味品，加盖用中火加热至软熟，经勾芡而成一道热菜的烹调方法称为焖。根据焖前原料的生熟状态，焖法分为生焖法、熟焖法和红焖法。

2. 熟焖就是将已熟的肉料或预制的半成品在锅中加入汤水或原汁，略调味、调色，最后勾芡的烹调方法。

3. 熟焖法的特点是制作快，肉质焾滑，香味浓郁。要掌握好半成品的原味，焖制时仅适量调味、调色即可。

4. 红焖牛腩的成品要求是：牛腩大小合适，形状均匀美观，色泽明快油亮，香味浓郁，芡量合适。

【实训方法】

1. 烹调方法:焖法——熟焖。

2. 工艺流程:煲熟牛腩→切件→爆香酱料及牛腩→烹酒→下汤水及陈皮、八角→焖熟→勾芡→上碟。

3. 操作过程与方法:

（1）将牛腩放入锅中煲至五成焾。

（2）取出牛腩切成件。

（3）烧锅下油,下姜块、蒜蓉、柱侯酱、牛腩爆香,烹入料酒。

（4）下汤水、调味料及陈皮、八角,加盖焖至焾。

（5）调好色,勾芡即可上碟。

4. 操作要领:

（1）牛腩要先煲至五成焾。

（2）肉料要用酱料爆香、爆透再焖制。

（3）控制好火候和汤水的分量。

（4）注意焖制的时间和熟度。

【实训组织】

1. 老师演示(操作示范:红焖牛腩)。

2. 学生实训(红焖牛腩,2 人一组)。

3. 老师点评(小结,评分)。

【实训准备】

1. 实训工具:

刀、砧板、炒锅及配套工具、深碟、筷子。

2. 实训材料(每组):

原料:鲜牛腩600 克。

调料:精盐6 克、味精2 克、白糖3 克、柱侯酱15 克、生抽5 克、老抽5 克、绍酒10 克、胡椒粉2 克、麻油2 克、生油25 克、生粉15 克。

料头:姜块25 克、蒜蓉5 克、八角5 克、陈皮3 克。

【作业与思考】

1. 为什么牛腩要先煲后焖?

2. 爆炒酱料和牛腩的作用是什么?

3. 请比较几种焖法的特点。

红焖牛腩

五、焗法菜式

肉料经过煎、炸或油泡等方法增香、上色后,放在炒锅或砂锅内,加入汤水、调味料和较多的辅料,用中慢火加热,制成一道热菜的烹调方法称为焗。根据原料的形态,焗法分为原件焗和碎件焗。

【实训项目1】

蚝油焗鸡

【实训目的】

1.了解烹调法焗的技术原理和应用。

2.初步掌握焗的操作方法。

3.掌握蚝油焗鸡的制作方法和成品要求。

【技术理论与原理】

1.原件焗法是指主料为原件的焗制方法,原件焗制适用于鱼和禽鸟类原料。鱼和小型鸟类焗好后原件上碟,禽类应斩件后砌形上碟。

2.焗法的特点是:辅料多;主料在焗制前都经过增香、上色处理;菜肴具有肉料软熟、滋味醇厚、香味浓郁的风味特色。

3.蚝油焗鸡属于原件焗。把鸡涂酱油后炸或煎至上色,把汤水、副料、鸡、调味料放在锅

内,用中慢火加热至鸡软熟,上碟后原汁勾芡淋于面上。

4. 蚝油焗鸡的成品要求是:炸色均匀,肉质软焓,味鲜而醇,香味浓郁,芡汁匀滑,鸡块刀口整齐,摆砌美观。

【实训方法】

1. 烹调方法:焗法。

2. 工艺流程:副料切配→主料整理上色→主料炸制→副料处理→焗制→主料斩件→摆盘→勾芡→成品。

3. 操作过程与方法:

(1) 将笋肉切成厚片,将光鸡洗净吊干水分,用老抽涂匀鸡皮。

(2) 烧锅下油,油温至 180 摄氏度时将鸡炸至金红色,取出沥净油。

(3) 将笋片、菇件放入沸水锅中滚片刻,倒在疏壳里沥干水。

(4) 猛火烧锅,下油 50 克,下姜件、葱条爆炒至香,烹入料酒,下二汤、笋片、菇件、鸡,调入精盐、味精、蚝油、白糖、老抽,加盖用中火焗约 15 分钟至刚熟,取出,原汁留用。

(5) 将笋片、香菇放在碟中,把鸡斩件覆在上面砌成鸡形。

(6) 把原汁烧至微沸,用湿淀粉勾芡,加包尾油后,淋在鸡上即成。

4. 操作要领:

(1) 鸡炸色要均匀,油温要稍高。

(2) 选配好辅料,辅料要先做处理。

(3) 焗鸡时要用中火,至刚熟即取出。

(4) 切鸡块刀口整齐,摆砌要美观。

【实训组织】

1. 老师演示(操作示范:蚝油焗鸡)。

2. 学生实训(蚝油焗鸡,2 人一组)。

3. 老师点评(小结,评分)。

【实训准备】

1. 实训工具:

刀具、砧板、炒锅及配套工具、圆碟、筷子。

2. 实训材料(每组):

原料:光鸡颈 1 只(约 900 克)、笋肉 150 克、湿冬菇 50 克、姜片 15 克、葱条 15 克。

调料:精盐 5 克、味精 5 克、蚝油 10 克、老抽 15 克、白糖 10 克、二汤 500 克、湿淀粉 15 克、生油 1500 克、料酒 20 克。

【作业与思考】

1. 肉料上色用炸法和煎法有何区别?

2. 为何炸鸡上色要用高油温？

3. 肉料在焗之前为何要经过煎、炸或油泡？

<table>
<tr><td colspan="3" style="text-align:center">学生实训评价表</td><td colspan="2">年　　月　　日</td></tr>
<tr><td>班别</td><td></td><td>姓名</td><td>学号</td><td></td></tr>
<tr><td>实训项目</td><td colspan="2">蚝油焗鸡</td><td colspan="2" style="text-align:center">老师评语</td></tr>
<tr><td>评价内容</td><td>配分</td><td>实际得分</td><td colspan="2" rowspan="6"></td></tr>
<tr><td>刀工、造型</td><td>20</td><td></td></tr>
<tr><td>火候、熟度</td><td>30</td><td></td></tr>
<tr><td>色泽、芡汁</td><td>20</td><td></td></tr>
<tr><td>质感、味道</td><td>20</td><td></td></tr>
<tr><td>卫生、洁度</td><td>10</td><td></td></tr>
<tr><td>总分</td><td></td><td></td><td colspan="2">老师签名：</td></tr>
</table>

蚝油焗鸡

【实训项目2】

姜葱焗鲤鱼

【实训目的】

1. 掌握烹调法焗的操作方法。

2. 熟悉原件焗的技术要领。

3. 掌握姜葱焗鲤鱼的制作方法和成品要求。

【技术理论与原理】

1. 肉料经过煎、炸或油泡等方法增香、上色后,放在炒锅或砂锅内,加入汤水、调味料和较多的辅料,用中慢火加热,制成一道热菜的烹调方法称为焖。根据原料的形态,焖法分为原件焖和碎件焖。

2. 原件焖法是指主料为原件的焖制方法,原件焖制适用于鱼和禽鸟类原料。姜葱焖鲤鱼属于原件焖。

3. 鲤鱼在焖之前要先将两面煎至金黄色。煎制之前在鱼皮上涂抹一层细盐,由于盐的渗透压作用,会使鱼皮失水,微微发硬,所以在煎制的过程中,鱼皮就不易破裂,从而保持鱼的形态完整。

4. 姜葱焖鲤鱼的成品要求是:鲤鱼形态完整,表皮金黄,气味芳香,味道鲜美,芡色浅红油亮。

【实训方法】

1. 烹调方法:焖法。

2. 工艺流程:鲤鱼整理→用盐略腌→煎制金黄→焖制→勾芡→成品。

3. 操作过程与方法:

(1)将净鲤鱼用精盐 3 克涂匀内外,姜块用刀背拍裂切件。

(2)猛火烧锅下油,将鲤鱼放入锅中,用慢火将鱼的两侧煎至金黄色后取出。

(3)烧锅下油,放入姜块、葱条爆香,烹料酒,下二汤、鲤鱼,调入精盐、味精、蚝油、生抽、老抽,加盖用中火焖约 10 分钟至熟。

(4)将鲤鱼取出装入碟中,姜块、葱条放在鱼上。

(5)把锅放回炉上,在原汁中调入胡椒粉、芝麻油,用湿生粉勾芡,再加入少许包尾油和匀,淋在鱼上即可。

4. 操作要领:

(1)鲤鱼要内外用盐擦匀后再煎。

(2)煎鱼要使用猛锅阴油,用慢火煎至两面金黄色。

(3)姜、葱要在锅里爆香,下汤水分量要准确。

(4)焖时要用中火,至熟即可取出。

【实训组织】

1. 老师演示(操作示范:姜葱焖鲤鱼)。

2. 学生实训(姜葱焖鲤鱼,2 人一组)。

3. 老师点评(小结,评分)。

【实训准备】

1. 实训工具:

刀具、砧板、炒锅及配套工具、长鱼碟、筷子。

2.实训材料(每组):

原料:净鲤鱼 1 条(约 600 克)。

调料:精盐 5 克、味精 5 克、生抽 5 克、老抽 15 克、胡椒粉 0.1 克、芝麻油 1.5 克、蚝油 10 克、料酒 15 克、二汤 400 克、湿淀粉 15 克、生油 125 克。

料头:葱条 200 克、姜块 75 克。

【作业与思考】

1.煎原条鱼要掌握哪些要领?

2.姜葱焗鲤鱼是何种芡色?

3.请分析焖和焗的区别?

姜葱焖鲤鱼

【实训项目3】

砂锅焖水鱼

【实训目的】

1.熟悉烹调法焖的工艺原理和技术流程。

2.掌握碎件焖的操作要领。

3.掌握砂锅焖水鱼的制作方法和成品要求。

【技术理论与原理】

1.肉料经过煎、炸或油泡等方法增香、上色后,放在炒锅或砂锅内,加入汤水、调味料和较多的辅料,用中慢火加热,制成一道热菜的烹调方法称为焖。根据原料的形态,焖法分为原件焖和碎件焖。

2.碎件焖法是指主料为碎件的焖制方法。碎件焖制的原料形体较小,所以焖前的处理多为泡油或炸。砂锅焖水鱼属于碎件焖。

3.水鱼有坚硬的外壳,加工时要将其背朝下放置在砧板上,待其将头和脖子完全伸出企图顶起翻身时,迅速捉住脖子才能进行宰杀。水鱼凶猛,容易咬伤人,所以宰杀时要集中注意力,以防受伤。

4.砂锅焖水鱼的成品要求是:水鱼肉质软焓,香气浓郁,滋味醇厚,芡色浅红油亮。

【实训方法】

1.烹调方法:焖法。

2.工艺流程:宰杀水鱼→斩件→飞水→爆炒→拌干粉→炸制→焖制→摆盘→成品。

3.操作过程与方法:

(1)宰杀水鱼,将水鱼斩成重约20克的方形件,用清水洗净,沥去水分。

(2)烧锅将水鱼件飞水,然后用清水洗净。把烧猪腩斩成12件。

(3)烧锅下生油30克,爆香姜件、葱条、水鱼件,溅入绍酒爆炒。

(4)爆炒后,拣去姜、葱,用生抽拌匀水鱼件,然后下干生粉拌匀。

(5)猛锅下油1200克,放入蒜子,将蒜子炸至金黄色捞起,再下水鱼炸至浅金黄色,倒起沥油。

(6)烧锅下料头、水鱼件,溅酒爆炒后,加汤水、调味料,略滚后转放在有竹垫的砂锅内,先猛火后中火将水鱼焖至软焓。

(7)取出竹垫,加入老抽调色,再加入胡椒粉、麻油,将水鱼裙、冬菇件摆在面上造型,盖上盖,滚起即可,以圆碟托着砂锅上席。

4.操作要领:

(1)水鱼要去清黄膏和血污,飞水后还要洗净。

(2)焖时注意火候,根据水鱼老嫩掌握烹制时间。

(3)水鱼胶性较大容易粘底,要用竹笪垫底防焦。

(4)控制好汤水量,以当水鱼焓滑时,汁量恰当为佳。

(5)砂锅焖法不用打芡,因为汤汁浓稠似芡,属于自来汁。

【实训组织】

1.老师演示(操作示范:砂锅焖水鱼)。

2.学生实训(砂锅焖水鱼,2人一组)。

3.老师点评(小结,评分)。

【实训准备】

1.实训工具:

刀具、砧板、炒锅及配套工具、砂锅、圆碟、筷子。

2.实训材料(每组):

原料:水鱼1只约750克。

调料:精盐2.5克、味精10克、白糖5克、绍酒25克、蚝油15克、老抽15克、胡椒粉0.1克、麻油1.5克、干生粉15克、汤水800克、食用油1250克。

料头:烧猪腩 150 克、蒜子 100 克、菇件 50 克、蒜蓉 2.5 克、姜米 5 克、陈皮米 2.5 克、姜片 2 片、葱条 2 条。

【作业与思考】

1. 水鱼的处理要注意哪些方面?
2. 焖水鱼的时候为什么要在砂锅底部放上竹笪?
3. 为什么砂锅焖水鱼不用打芡?

砂锅焖水鱼

六、焗法菜式

焗是指将整体肉料腌制后,用密闭加热方式对肉料施以特定热气,促使肉料温度升高,自身水分汽化,由生变熟而成为一道热菜的烹调方法。在制作上,焗法要求肉料在焗前先腌制,烹制时用水量较少,甚至不用水。按加热方式分,焗可分为锅上焗、砂锅焗、盐焗和炉焗四种。焗法在粤菜中使用较为广泛,多用质地鲜嫩的禽畜类及水产类原料,如鹌鹑、乳鸽、鸡鸭、排骨、虾、蟹等。

【实训项目 1】

瑞士焗排骨

【实训目的】

1. 了解烹调法焗的技术原理和应用。

2. 初步掌握锅上焗的操作方法。

3. 掌握瑞士焗排骨的制作方法和成品要求。

【技术理论与原理】

1. 焗制菜品主料在烹制前要先腌制,烹制时加入味料,不加或少加水;肉料以原味为基础,吸收各种调料的特殊气味,使其烹制成菜品后更具原料和调料的复合滋味,原汁原味,芳香醇厚。

2. 锅上焗法是利用汤汁或味汁将腌制好的生料在炒锅上焗熟的方法,又名汁焗法。锅上焗的菜式偏于软嫩,滋味较浓。锅上焗的主料多为碎件,可配副料,要加入汤汁或味汁焗制。

3. 瑞士焗排骨属于锅上焗。做法是先将排骨腌制,再把土豆炸熟,然后把主副料放在炒锅内,加入味汁用慢火焗制。

4. 瑞士焗排骨的成品要求是:汤汁收干成芡,油亮明净;马铃薯切成菱形件,形状完整,炸色金黄;排骨大小均匀,规格恰当,口感软嫩,味道鲜美,香气浓郁。

【实训方法】

1. 烹调方法:焗法——锅上焗。

2. 工艺流程:斩排骨、腌制→切土豆、炸熟→排骨拉油→调入汤汁或味汁→慢火加热→成品。

3. 操作过程与方法:

(1)将排骨斩成长方形件,每件重约 15 克,洗净,沥干水分。

(2)将腌料拌入排骨,腌制 30 分钟。

(3)马铃薯去皮切成菱形件,下油锅炸至金黄色熟透,捞起待用。

(4)把威化片炸起,围于碟边。

(5)将排骨中的姜、葱拣去,加入少许生粉拌匀,拉油后滤去油分。

(6)顺锅下料头、排骨,溅入绍酒,加汤水,调味料,加盖用慢火焗熟。

(7)再放进薯件,继续焗至汁浓稠,加包尾油即可上碟。

4. 操作要领:

(1)马铃薯切成菱形件,要炸至金黄色至熟。

(2)排骨大小均匀,要先腌制。

(3)焗制时用慢火,不宜过多翻动,要加盖。

(4)土豆要在排骨焗至九成熟时再放入。

(5)汤汁收干自然成芡,不用打芡。

【实训组织】

1. 老师演示(操作示范:瑞士焗排骨)。
2. 学生实训(瑞士焗排骨,2 人一组)。
3. 老师点评(小结,评分)。

【实训准备】

1. 实训工具:

刀具、砧板、炒锅及配套工具、圆碟、筷子。

2. 实训材料(每组):

原料:排骨 400 克、马铃薯 300 克、洋葱 30 克。

调料:精盐 5 克、味精 5 克、白糖 5 克、绍酒 15 克、生粉 5 克、糖醋 10 克、茄汁 35 克、噫汁 (粤菜专用调料)10 克、食用油 1000 克。

料头:蒜蓉、洋葱件、葱段。

【作业与思考】

1. 炸土豆要注意哪些问题?
2. 排骨拉油要用什么油温?
3. 土豆为何要在排骨快焗好时才放入?

学生实训评价表　　　　　　年　　月　　日

班别		姓名		学号	
实训项目	瑞士焗排骨		老师评语		
评价内容	配分	实际得分			
刀工、造型	20				
火候、熟度	30				
色泽、芡汁	20				
质感、味道	20				
卫生、洁度	10		老师签名:		
总分					

瑞士焗排骨

【实训项目2】

砂锅葱油鸡

【实训目的】

1. 了解烹调法焗的技术原理和应用。
2. 初步掌握锅上焗的操作方法。
3. 掌握砂锅葱油鸡的制作方法和成品要求。

【技术理论与原理】

1. 焗是指将整体肉料腌制后,用密闭加热方式对肉料施以特定热气,促使肉料温度升高,自身水分汽化,由生变熟而成为一道热菜的烹调方法。焗制菜式最显著的风味特色是原汁原味,芳香、味醇。在制作上,焗法要求肉料在焗前先腌制,烹制时不加汤水或水量较少,以热气加热。按加热方式分,焗可分为锅上焗、砂锅焗、盐焗和炉焗四种。

2. 砂锅焗法是将腌好的生料放在砂锅内加热至熟,淋回原汁的一种焗制方法。砂锅焗菜式主料一般为整体,且多为原汁焗,气味芳香、原汁原味。

3. 砂锅葱油鸡是属于砂锅焗。做法是将光鸡腌制后煎至上色,再放入用姜葱垫底的砂锅内,加入猪油焗熟,斩件装碟淋回原汁。

4. 砂锅葱油鸡的成品要求是:鸡皮金黄色,刀口整齐,摆砌美观,口感软嫩,滋味鲜醇,葱香味强烈。

【实训方法】

1. 烹调方法:焗法——砂锅焗。

2. 工艺流程:整理光鸡→腌制→煎色→将鸡焗成金黄色→入酒腌制→用砂锅焗制→斩块→摆盘→成品。

3. 操作过程与方法:

(1) 将光鸡挖去肺,洗干净,晾干水分。

(2) 用精盐、味精擦匀鸡的内腔,把姜片、八角、生葱共 5 克塞入鸡的内腔,外皮涂上生抽。

(3) 把砂锅烧热,下油 30 克,放入鸡煎成金黄色,取出,把西凤酒倒入鸡的内腔,腌 15 分钟。

(4) 将余下的生葱全部放入砂锅内垫底,把鸡侧放在葱面,加入熟猪油,加盖,用中火焗。

(5) 焗 7~8 分钟后,将鸡翻转再焗 5~6 分钟至鸡将熟,滤出砂锅汁液,把鸡放回炉上用慢火再焗约 2 分钟至有强烈葱香味并熟。

(6) 将熟鸡取出斩块砌成鸡形,把原汁液淋在鸡上即可。

4. 操作要领:

(1) 鸡的表面要涂上生抽,放入锅内煎成金黄色。

(2) 鸡要用各种调味料腌制好再焗。

(3) 焗制时用慢火,要加盖。

(4) 焗制过程中要把鸡翻转,使其受热均匀。

(5) 垫底的葱要下足分量,加入猪油使味道更香浓。

【实训组织】

1. 老师演示(操作示范:砂锅葱油鸡)。

2. 学生实训(砂锅葱油鸡,2 人一组)。

3. 老师点评(小结,评分)。

【实训准备】

1. 实训工具:

刀具、砧板、炒锅及配套工具、长碟、筷子。

2. 实训材料(每组):

原料:光鸡 1 只约 750 克、净葱 300 克。

调料:精盐 10 克、味精 7.5 克、八角 1 颗、西凤酒 20 克、熟猪油 150 克、生抽 15 克。

料头:葱条、姜件。

【作业与思考】

1. 砂锅焗鸡的加热原理是什么?

2.焗鸡上色有几种方法?

3.试比较锅上焗和砂锅焗的区别?

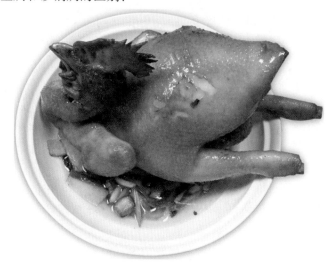

砂锅葱油鸡

【实训项目3】

正式盐焗鸡

【实训目的】

1.了解热的传递原理。

2.初步掌握盐焗的工艺流程和技术要领。

3.掌握正式盐焗鸡的制作方法和成品要求。

【技术理论与原理】

1.焗是指将整体肉料腌制后,用密闭加热方式对肉料施以特定热气,促使肉料温度升高,自身水分汽化,由生变熟而成为一道热菜的烹调方法。在制作上,焗法要求肉料在焗前先腌制,烹制时不加汤水或水量较少,以热气加热。按加热方式分,焗可分为锅上焗、砂锅焗、盐焗和炉焗四种。

2.盐焗法是指将腌制好的生料埋入热盐中,由热盐释放出的热量使生料至熟的方法。除热盐外,用其他能储热的物料也可将生料焗热,例如砂粒、糖粒、陶粒等。盐焗菜式具有盐香浓烈、肉味鲜美、齿颊留香的特点。

3.正式盐焗鸡属于盐焗。做法是将光鸡腌制上色后用纱纸包裹,将盐用大火炒至滚烫,把鸡埋入热盐内焗制,熟后取出斩件摆砌上碟,跟佐料。

4.正式盐焗鸡的成品要求是:火候恰当,鸡皮金黄色,鸡块大小均匀,刀口整齐,摆砌美观,味鲜透骨,盐香浓郁。

【实训方法】

1. 烹调方法:焗法——盐焗。

2. 工艺流程:腌制主料→加热盐粒→包裹主料→埋进热盐→取出熟料→斩件→装碟→配佐料→成品。

3. 操作过程与方法:

（1）将光鸡挖去肺,洗干净,晾干水分。然后用精盐、味精擦匀鸡的内腔,把姜片、葱条、八角放入鸡的内腔,加入西凤酒,外皮涂上老抽。

（2）把纱纸三张平铺在台面上,用猪油涂匀,把鸡放上用纱纸包裹好。

（3）将粗盐放在炒锅里,用猛火烧锅翻炒,至盐粒呈灰白色、滚烫冒烟。

（4）把炒热的盐扒开中心,将包裹的鸡放入,再用热盐覆盖,盖上锅盖,端离火口,焗30分钟左右将鸡焗熟。

（5）将鸡取出,拆去纱纸,切块砌成鸡形。

（6）将沙姜粉、盐、味精、熟花生油调匀成为佐料跟碟即可。

4. 操作要领:

（1）鸡要先腌制,表面要涂上生抽。

（2）包鸡的纱纸要用 3 张,最里面的一张要用猪油涂匀。

（3）盐必须炒至足够滚烫、灰白冒烟。

（4）焗鸡的时间要视鸡的大小和盐量的多少而定。

【实训组织】

1. 老师演示(操作示范:正式盐焗鸡)。

2. 学生实训(正式盐焗鸡,2 人一组)。

3. 老师点评(小结,评分)。

【实训准备】

1. 实训工具:

刀具、砧板、炒锅及配套工具、长碟、碗、筷子。

2. 实训材料(每组):

原料:光鸡 1 只约 750 克。

调料:精盐 10 克、味精 10 克、八角 1 颗、西凤酒 20 克、熟猪油 100 克、老抽 15 克、姜件 2 片、生葱 2 条、粗盐 5000 克。

佐料:沙姜粉、精盐、味精、麻油、熟花生油。

【作业与思考】

1. 请解释盐焗的加热原理?

2. 包裹盐焗鸡的纱纸为何要用猪油涂匀?

3. 如何判断炒盐是否达到焗鸡的温度?

学生实训评价表　　　　　　　　　年　　月　　日

班别		姓名		学号	
实训项目	正式盐焗鸡	老师评语			
评价内容	配分	实际得分			
刀工、造型	20				
火候、色泽	40				
质感、味道	30				
卫生、洁度	10	老师签名:			
总分					

正式盐焗鸡

【实训项目4】

锡纸烧汁焗鲈鱼

【实训目的】

1. 了解原料在烤炉的热传递方式。

2. 初步掌握炉焗的工艺流程和技术要领。

3. 掌握锡纸烧汁焗鲈鱼的制作方法和成品要求。

【技术理论与原理】

1. 焗是指将整体肉料腌制后,用密闭加热方式对肉料施以特定热气,促使肉料温度升高,自身水分汽化,由生变熟而成为一道热菜的烹调方法。在制作上,焗法要求肉料在焗前先腌制,烹制时不加汤水或水量较少,以热气加热。按加热方式分,焗可分为锅上焗、砂锅焗、盐焗和炉焗四种。

2. 炉焗法是指将经过腌制或制熟的原料放进烤炉内,利用热空气或远红外线使原料成熟和增加烘烤风味的烹调方法。根据原料是否熟处理,炉焗可分为生焗、熟焗两种。生焗是原料经腌制处理后放进烤炉直接焗熟的制法;熟焗是原料先烹调至熟后放入烤炉再次加热的制法。

3. 锡纸烧汁焗鲈鱼属于熟焗,成品特点是:色泽红亮,香气浓郁,肉质甘鲜,滋味丰富。

【实训方法】

1. 烹调方法:焗法——炉焗。

2. 工艺流程:鲈鱼宰杀→切配料头→调制烧汁→炸鱼→调味勾芡→焗制→成品。

3. 操作过程与方法:

(1) 将鲈鱼放血打鳞,在离肛门 1 厘米处割一刀,用专用铁钳夹鳃去除内脏,冲洗干净,鱼身两面剞上井字花刀,加适量姜汁酒、盐稍腌。

(2) 把姜、干葱、蒜、青红椒切成米,香葱切葱花。

(3) 将汤水、香辣酱、喼汁、烧烤汁、叉烧酱、南乳汁、蜂蜜、生抽、味精、胡椒粉等调匀成汁。

(4) 起锅烧油至 180 摄氏度时,放入吸干水分的鲈鱼炸至金黄色身硬,捞起。

(5) 倒出热油后,加入料头爆香,下烧汁调匀加入湿粉勾芡。

(6) 取锡纸一张,把炸好的鲈鱼摆在中间,淋上调好的烧汁然后将锡纸包成鱼形,用耐热的鱼盘装上,放入烤炉中层用 200 摄氏度焗 10 分钟左右取出,用小刀在锡纸包中间开十字口,撒上葱花即成。

4. 操作要领:

(1) 鲈鱼身上切花刀更易炸透。

(2) 用姜、葱和盐腌制可以去腥增香、有底味。

(3) 烧汁勾芡不宜过稠。

(4) 在焗制前要把焗炉按所需温度先预热 10 分钟。

【实训组织】

1. 老师演示(操作示范:锡纸烧汁焗鲈鱼)。

2. 学生实训(锡纸烧汁焗鲈鱼,2 人一组)。

3. 老师点评(小结,评分)。

【实训准备】

1. 实训工具:

刀具、砧板、炒锅及配套工具、长碟、碗、筷子。

2.实训材料(每组):

主料:鲈鱼1条(750克)。

调料:烧汁(汤水100克、香辣酱6克、唥汁15克、烧烤汁10克、叉烧酱5克、南乳汁5克、蜂蜜15克、生抽15克、味精5克、黑椒粉粒3克、盐、姜汁酒、生粉适量)。

料头:干葱米10克、蒜蓉5克、姜米5克、红椒米10克、青椒米10克、葱花5克。

【作业与思考】

1.请谈谈炉焗的方法有何特点?

2.锡纸在炉焗菜式中起什么作用?

3.鲈鱼为何要先炸透然后再焗?

锡纸烧汁焗鲈鱼

七、煎法菜式

煎是将加工好的原料摆放在有少量油的热锅内,用中慢火加热,使食物原料表面呈金黄色而成熟的烹调方法。煎法的特点是菜肴形状以扁平、平整为主,表面有金黄的煎色,气味芳香,口感香酥。按照制作工艺的区别,煎法分为蛋煎、软煎、干煎、煎焗、煎焖、半煎炸等几种。

【实训项目1】

香煎芙蓉蛋

【实训目的】

1.了解烹调法煎的技术原理和应用。

2.初步掌握蛋煎的操作方法。

3.掌握香煎芙蓉蛋的制作方法和成品要求。

【技术理论与原理】

1. 煎的烹调法在制作菜肴中较多使用,是品种变化较多的一种方法。在操作中要注意工具干净平滑,热锅放料,以免粘锅;原料必须加工为扁平状;火候受热要均匀;表面要煎至金黄色,略带焦香。

2. 蛋煎是把蛋液煎至凝结而成为一道热菜的制作方法。蛋煎法的制作特点是:以蛋液为主料,不掺水,但可以加入辅料,用中慢火烹制。

3. 香煎芙蓉蛋属于蛋煎,它是在蛋液中掺入叉烧丝、冬笋丝和菇丝后煎制而成的一道热菜。

4. 香煎芙蓉蛋的成品要求是:两面煎至金黄色且有光泽,干净不冒油;成扁平圆形,厚薄均匀;滋味甘香,味道鲜美,有肉香味。

【实训方法】

1. 烹调方法:煎法——蛋煎法。

2. 工艺流程:切各种丝料→笋丝和菇丝滚煨→蛋液调味打散→蛋液与丝料拌均匀→煎制→成品。

3. 操作过程与方法:

（1）把鲜笋和冬菇切成中丝滚煨透,并吸干水分。

（2）将叉烧切成中丝。

（3）将蛋液打散调味,加入叉烧丝、笋丝、菇丝和葱丝拌均匀。

（4）猛锅阴油搪锅后,把蛋液倒进锅内,用中慢火煎成两面金黄色的圆饼形。

4. 操作要领:

（1）蛋液和辅料的比例要恰当,辅料的分量不能多于蛋液的分量。

（2）笋丝和菇丝在加入蛋液前必须沥干水分。

（3）要使用中火煎制,火猛则易焦,火慢则煎色暗瘀不鲜明。

（4）煎时火力要平稳,蛋在锅中要转动,使之均匀受热。

（5）蛋饼两面都要煎平整,呈金黄色,中心要完全熟透不流浆。

【实训组织】

1. 老师演示(操作示范:香煎芙蓉蛋)。

2. 学生实训(香煎芙蓉蛋,2人一组)。

3. 老师点评(小结,评分)。

【实训准备】

1. 实训工具:

刀具、砧板、炒锅及配套工具、圆碟、筷子。

2.实训材料(每组):

原料:鸡蛋 4 个、鲜笋 30 克、叉烧 30 克、香菇 30 克。

调料:精盐 5 克、胡椒 3 克、麻油 5 克、生油 25 克。

料头:葱丝 5 克。

【作业与思考】

1.煎芙蓉蛋为何要使用中火?

2.煎蛋如何才能做到两面平整成圆形?

3.如何判断煎芙蓉蛋中心是否成熟?

学生实训评价表 　　　　　　　年 　　 月 　　 日

班别		姓名		学号	
实训项目	香煎芙蓉蛋		老师评语		
评价内容	配分	实际得分			
火候、色泽	40				
造型、熟度	30				
质感、味道	20				
卫生、洁度	10		老师签名:		
总分					

香煎芙蓉蛋

【实训项目2】

大良煎虾饼

【实训目的】

1. 熟悉蛋煎法的技术原理和操作方法。

2. 掌握大良煎虾饼的制作方法和成品要求。

【技术理论与原理】

1. 煎是将加工好的原料排放在有少量油的热锅内,用中慢火加热,使食物原料表面呈金黄色而成熟的烹调方法。按照制作工艺的区别,煎法分为蛋煎、软煎、干煎、煎焗、煎焖、半煎炸等几种。

2. 蛋煎是把蛋液煎至凝结而成为一道热菜的制作方法。蛋煎法的制作特点是:以蛋液为主料,不掺水,但可以加入辅料,用中慢火烹制。

3. 蛋煎的操作方法又可以分为直煎和生熟煎(炒煎)两种。直煎就是把蛋液在锅中直接煎至两面熟透并呈金黄色的做法,它的优点是成品平整光滑美观,缺点是操作难度较大、易外焦内生。生熟煎是先将部分蛋液炒至刚凝结,与剩余蛋液拌匀后再煎,它的优点是蛋液易煎易熟、辅料分布均匀,缺点是成品形状不够平整圆滑美观。一般使用哪种方法来煎要视具体情况而定,例如辅料规格大小等。

4. 大良煎虾饼的成品要求是:两面煎至金黄色且有光泽,干净不冒油;成扁平圆形,厚薄均匀;滋味甘香,味道鲜美,虾肉爽滑。

【实训方法】

1. 烹调方法:煎法——蛋煎法。

2. 工艺流程:腌制虾仁→蛋液调味打散→炒熟蛋→蛋液拌均匀→煎制→成品。

3. 操作过程与方法:

(1)将虾仁洗净吸干水分,然后进行腌制。

(2)将腌好的虾仁泡油至仅熟,倒起沥干油分。

(3)将蛋液打散调味,取三分之一蛋液先炒熟,然后连同虾仁加入剩余的蛋液之中拌匀。

(4)猛锅阴油搪锅后,把蛋液倒进锅内,用中慢火煎成两面金黄色的圆饼形。

4. 操作要领:

(1)虾仁要腌制好,泡油后要沥干油。

(2)先炒的鸡蛋不能过熟结成硬块。

(3)虾仁要和生熟蛋液充分拌匀才能保证分布均匀。

（4）要使用中火煎制,煎时火力要平稳,蛋在锅中要转动均匀受热。

（5）蛋饼两面都要煎平整,呈金黄色,中心要完全熟透不流浆。

【实训组织】

1.老师演示(操作示范:大良煎虾饼)。

2.学生实训(大良煎虾饼,2人一组)。

3.老师点评(小结,评分)。

【实训准备】

1.实训工具:

刀具、砧板、炒锅及配套工具、圆碟、筷子。

2.实训材料(每组):

原料:鸡蛋5个、虾仁150克。

调料:精盐5克、味精5克、胡椒5克、麻油3克、生粉5克、生油25克。

【作业与思考】

1.煎蛋饼用直煎法和生熟煎法有何区别?

2.大良煎虾饼为何要用生熟煎法?

3.煎蛋饼如何做到成品干净不冒油?

大良煎虾饼

【实训项目3】

果汁煎猪扒

【实训目的】

1. 掌握烹调法煎的技术原理和应用。

2. 了解软煎的操作方法和要领。

3. 掌握果汁煎猪扒的制作方法和成品要求。

【技术理论与原理】

1. 煎是将加工好的原料排放在有少量油的热锅内,用中慢火加热,使食物原料表面呈金黄色而成熟的烹调方法。按照制作工艺的区别,煎法分为蛋煎、软煎、干煎、煎焗、煎焖、半煎炸等几种。

2. 软煎是将加工好的原料挂上蛋浆(半煎炸粉)后煎熟,经过勾芡、淋汁或封汁等方法调味而成为一道热菜的烹调方法。

3. 果汁煎猪扒属于软煎,是将腌制好的猪扒肉挂上蛋浆后煎熟,经过勾芡、淋芡的方法调味而成的一道热菜。其特点是外酥内嫩,别具风味。

4. 果汁煎猪扒的成品要求是:刀工规格符合要求,煎色均匀,外皮酥香、肉质软滑,有果汁香味,芡汁鲜明有光泽。

【实训方法】

1. 烹调方法:煎法——软煎法。

2. 工艺流程:改切猪扒→腌制→上浆→炸虾片→煎猪扒→调果汁→成品。

3. 操作过程与方法:

(1) 将肉块改切成猪扒形状,加入姜、葱条、精盐、食粉和酒拌均匀,腌制1小时。

(2) 将鸡蛋与干生粉拌均匀,制成蛋浆。

(3) 把腌制猪扒中的姜和葱取出,加入蛋浆拌均匀。

(4) 烧锅下油,将虾片炸至膨胀后捞起,倒出油。

(5) 逐件把猪扒排放在锅中,用中慢火将猪扒煎至两面熟透。

(6) 锅中调入果汁,与猪扒炒均匀便可上碟,用炸虾片围边即成。

4. 操作要领:

(1) 猪扒的刀工规格要符合要求,大小均匀。

(2) 猪扒腌制前要用刀背拍松,腌制时间要足够。

(3) 调配蛋浆的配方要合适,过稀或过稠都会影响成品质量。

(4) 要使用中火煎制,煎时火力要平稳,使猪扒均匀受热。

(5) 猪扒要煎至外表焦香,肉质熟透。

【实训组织】

1. 老师演示(操作示范:果汁煎猪扒)。
2. 学生实训(果汁煎猪扒,2 人一组)。
3. 老师点评(小结,评分)。

【实训准备】

1. 实训工具:

刀具、砧板、炒锅及配套工具、圆碟、筷子。

2. 实训材料(每组):

原料:猪扒肉 200 克、鸡蛋 1 个。

调料:精盐 2 克、生粉 25 克、食粉 2 克、露酒 10 克、果汁 100 克、虾片 10 克、食用油 1000 克。

料头:姜 10 克、葱 10 克。

【作业与思考】

1. 猪扒腌制前为何要用刀背拍松?
2. 果汁是如何调配的?
3. 如何防止煎猪扒外焦内生?

学生实训评价表   年   月   日

班别		姓名		学号	
实训项目	果汁煎猪扒		老师评语		
评价内容	配分	实际得分			
刀工、造型	20				
火候、熟度	30				
色泽、芡汁	20				
质感、味道	20				
卫生、洁度	10		老师签名:		
总分					

果汁煎猪扒

【实训项目4】

柠汁煎软鸭

【实训目的】

1. 熟悉软煎的操作工艺和技术要领。

2. 掌握柠汁煎软鸭的制作方法和成品要求。

【技术理论与原理】

1. 煎是将加工好的原料排放在有少量油的热锅内,用中慢火加热,使食物原料表面呈金黄色而成为一道热菜的烹调方法。

2. 软煎是将加工好的原料挂上蛋浆(半煎炸粉)后煎熟,经过勾芡、淋汁或封汁等方法调味而成一道热菜的烹调方法。

3. 柠汁煎软鸭属于软煎,是将腌制好的鸭肉挂上蛋浆后煎熟,经过勾芡、淋芡的方法调味而成的一道热菜。其特点为外酥内嫩,柠味芳香,别具风味。

4. 柠汁煎软鸭的成品要求是:刀工规格符合要求,煎色均匀,摆砌美观,外皮酥香、肉质软滑,柠香味浓郁,芡汁鲜明有光泽。

【实训方法】

1. 烹调方法:煎法——软煎法。

2. 工艺流程:鸭肉改刀→腌制鸭肉→拌浆→煎制→切件→淋柠汁芡→成品。

3. 操作过程与方法:

（1）将两块净鸭肉的周边改整齐,用刀背将鸭肉两面拍松。

（2）加入姜、葱、精盐、西芹、红萝卜(要拍碎挤出汁)、食粉和酒,拌均匀,腌制1小时。

（3）将鸡蛋与干生粉拌均匀,制成蛋浆。

（4）把腌制好的鸭肉取出,将腌肉的料加入蛋浆拌均匀,再把鸭肉放入拌匀,取出后拍上一层干生粉,鸭头同样上蛋粉。

（5）烧锅下油,加热至六成油温,放入鸭头炸至熟取出,把锅内油倒出。

（6）把鸭肉放入锅中,用中慢火煎至两面定型,再加少许油炸至呈金黄色且熟透,取出。

（7）把煎好的鸭肉放在熟食砧板上,切成三排24件摆放装碟,摆回鸭头。

（8）烧锅下油,溅酒,调入柠汁,勾芡淋在鸭面,摆上芫荽叶即成。

4. 操作要领:

（1）鸭肉腌制前要用刀背拍松,腌制时间要足够。

（2）鸭肉上的蛋浆和生粉都要粘贴均匀。

（3）要使用中火煎制,煎定型后要加油将鸭肉炸熟。

（4）鸭肉要煎炸至外表酥香,肉熟透软滑。

（5）炸好鸭肉切块时注意刀口整齐,摆砌美观。

【实训组织】

1. 老师演示(操作示范:柠汁煎软鸭)。

2. 学生实训(柠汁煎软鸭,2人一组)。

3. 老师点评(小结,评分)。

【实训准备】

1. 实训工具:

刀具、砧板、炒锅及配套工具、长碟、筷子。

2. 实训材料(每组)。

原料:净鸭肉400克、鸡蛋2个。

调料:精盐5克、生粉50克、食粉2克、露酒10克、西柠汁200克、食用油200克。

料头:姜15克、葱15克、西芹50克、红萝卜50克。

【作业与思考】

1. 鸭肉腌制前为何要用刀背拍松?

2. 柠汁是如何调配的?

3. 煎软鸭为何要用油炸?

柠汁煎软鸭

【实训项目5】

多士鱼块

【实训目的】

1. 熟悉烹调法煎的技术原理和应用。
2. 掌握半煎炸的操作方法和要领。
3. 掌握锅贴鱼块的制作方法和成品要求。

【技术理论与原理】

1. 煎是将加工好的原料排放在有少量油的热锅内,用中慢火加热,使食物原料表面呈金黄色而成熟的烹调方法。按照制作工艺的区别,煎法分为蛋煎、软煎、干煎、煎焗、煎焖、半煎炸等几种。

2. 半煎炸是将加工好的原料挂上蛋浆(半煎炸粉)先煎后炸而成为一道热菜的烹调方法。

3. 多士鱼块属于半煎炸,是将改成块的鱼肉腌制入味以后,再挂窝贴浆,用先煎定型、后炸香酥至成熟的加热方法烹制的一道热菜。窝贴浆煎炸以后口感酥脆,多士鱼块有面包片的一面香酥,鱼肉的一面嫩滑,一般跟佐料食用。

4. 多士鱼块的成品要求是:成规则的日字形,大小均匀,外形整齐,色泽金黄,香味浓郁,口感香酥,鱼肉嫩滑。

【实训方法】

1. 烹调方法:煎法——半煎炸法。

2. 工艺流程:切鱼肉、面包片→腌制鱼肉→调窝贴浆→挂浆造型→煎至定型→炸至香酥→装碟。

3. 操作过程与方法:

(1)把鱼肉洗干净,切成9厘米×6厘米×0.4厘米的日字形件,然后加入精盐、味精、蛋清、生粉拌均匀,入冰柜冷藏30分钟。

(2)将咸方面包切成6厘米×4厘米×0.3厘米的日字形片。

(3)将鸡蛋与干生粉拌均匀,制成蛋浆。

(4)将面包片每件平放在碟子上,再把鱼块拌上蛋浆之后叠放在面包片之上。

(5)猛火烧锅,下油搪锅,逐件把叠好的鱼块面包有鱼肉的一面朝下排放在锅内,用中火煎至定型,待鱼肉呈金黄色之后加热油略炸至面包呈金黄色。

(6)把鱼块捞起沥干油,排放装碟,跟佐料淮盐和喼汁即成。

4. 操作要领:

(1)鱼肉和面包的刀工规格要符合要求,整齐均匀。

(2)调配蛋浆的配方要合适,鱼肉裹浆要均匀,与面包片贴合紧密。

(3)要煎有鱼肉的一面,面包不用煎,要使用中火煎制,煎时火力要平稳。

(4)最好选用咸味或淡味面包,含糖的面包加温后易焦。

(5)炸时要注意控制油温,过高的油温很容易使面包片焦黑。

【实训组织】

1. 老师演示(操作示范:多士鱼块)。

2. 学生实训(多士鱼块,2人一组)。

3. 老师点评(小结,评分)。

【实训准备】

1. 实训工具:

刀具、砧板、炒锅及配套工具、圆碟、筷子。

2. 实训材料(每组):

原料:鱼肉一块300克、鸡蛋2个、咸方面包250克。

调料:精盐3克、味精3克、生粉50克、食用油750克。

【作业与思考】

1. 鱼肉改切的规格为何比面包片要大?

2. 半煎炸法为何要先煎后炸?

3. 试比较软煎法和半煎炸法的区别。

学生实训评价表　　　　　年　月　日

班别		姓名		学号	
实训项目	多士鱼块		老师评语		
评价内容	配分	实际得分			
刀工、造型	30				
火候、色泽	40				
质感、味道	20				
卫生、洁度	10		老师签名：		
总分					

多士鱼块

【实训项目6】

干煎大虾

【实训目的】

1. 熟悉烹调法煎的技术原理和应用。
2. 掌握干煎的操作方法和要领。
3. 掌握干煎大虾的制作方法和成品要求。

【技术理论与原理】

1.煎是将加工好的原料排放在有少量油的热锅内,用中慢火加热,使食物原料表面呈金黄色而成熟的烹调方法。按照制作工艺的区别,煎法分为蛋煎、软煎、干煎、煎焗、煎焖、半煎炸等几种。

2.把没有上浆或粉的原料煎熟使其呈金黄色,封入味汁或淋芡,或配佐料而成为一道热菜的方法称为干煎法。干煎法的主料一般不上浆粉,但个别品种可以沾上芝麻,将原料直接煎熟。

3.干煎大虾是将大明虾修剪后,在锅上煎至焦香成熟,调入味汁炒匀而成的一道热菜。

4.干煎大虾的成品要求是:色泽大红油亮,香气浓烈馥郁,甘香味鲜,肉质软嫩。

【实训方法】

1.烹调方法:煎法——干煎法。

2.工艺流程:剪虾→煎制→调味→成品。

3.操作过程与方法:

(1)把明虾修剪干净,清洗后沥干水分。

(2)猛火烧锅,下油搪锅,把明虾放入用中慢火煎至两面金黄色、熟透。

(3)将味汁调料倒入锅内,与明虾炒匀,加包尾油即可装碟。

4.操作要领:

(1)明虾要修剪干净。

(2)使用中慢火将明虾两面煎熟,要有焦香。

(3)也可以先将明虾泡油然后再煎。

(4)封入味汁时火力要较大才油亮香气足。

【实训组织】

1.老师演示(操作示范:干煎大虾)。

2.学生实训(干煎大虾,2人一组)。

3.老师点评(小结,评分)。

【实训准备】

1.实训工具:

炒锅及配套工具、剪刀、长碟、筷子。

2.实训材料(每组):

原料:大明虾400克。

调料:精盐2克、味精4克、喼汁15克、茄汁35克、白糖5克、麻油0.5克、胡椒粉0.1克、二汤50克、生油100克。

【作业与思考】

    1. 干煎和湿煎有何区别?

    2. 干煎大虾的风味特色是什么?

干煎大虾

【实训项目7】

    煎焗鱼嘴

【实训目的】

    1. 熟悉烹调法煎的技术原理和应用。

    2. 掌握煎焗的操作方法和要领。

    3. 掌握煎焗鱼嘴的制作方法和成品要求。

【技术理论与原理】

    1. 煎是将加工好的原料排放在有少量油的热锅内,用中慢火加热,使食物原料表面呈金黄色而成熟的烹调方法。按照制作工艺的区别,煎法分为蛋煎、软煎、干煎、煎焗、煎焖、半煎炸等几种。

    2. 原料经过煎香后,用少量的汤汁(或味汁)或洒酒在热锅内,产生的热水汽将原料焗熟成菜的方法称为煎焗法。煎焗法由煎和焗共同完成,以煎为主,煎焗结合。煎焗的原料以碎件或薄形为主,必须腌制,成菜一般不勾芡。

    3. 煎焗鱼嘴是将鱼嘴腌制后,放在锅上煎香,然后用少量的汤水洒在热锅内,加盖焗香、焗熟透而成的一道热菜。

4.煎焗鱼嘴的成品要求是:鱼嘴大小规格恰当,色泽金黄,芡汁浓郁,味道鲜美,滋味甘香。

【实训方法】

1.烹调方法:煎法——煎焗法。

2.工艺流程:腌制鱼嘴→调味汁→煎香鱼嘴→焗熟→成品。

3.操作过程与方法:

(1)把鱼嘴加入精盐、味精、生抽拌匀腌制15分钟。

(2)将美极酱油、精盐、味精、胡椒粉放在碗内,加适量汤水兑成味汁。

(3)鱼嘴加入生粉拌匀。

(4)烧锅下油搪锅,将鱼嘴和姜片放入锅中慢火煎香。

(5)放进葱条,烹入料酒,倒进调好的味汁,略翻后加盖,焗至味汁收干。

(6)装碟时用姜葱垫底,鱼嘴摆面上即可。

4.操作要领:

(1)鱼嘴刀工均匀,大小一致。

(2)鱼嘴要先用调料腌制入味。

(3)使用中慢火将鱼嘴煎至仅熟并有焦香。

(4)倒入味汁后要烧煮收干。

【实训组织】

1.老师演示(操作示范:煎焗鱼嘴)。

2.学生实训(煎焗鱼嘴,2人一组)。

3.老师点评(小结,评分)。

【实训准备】

1.实训工具:

刀具、砧板、炒锅及配套工具、碗、鱼盘、筷子。

2.实训材料(每组):

原料:大鱼头400克。

调料:精盐5克、味精3克、生抽5克、美极鲜酱油10克、绍酒10克、生粉15克、麻油2克、胡椒粉3克、二汤50克、生油100克。

料头:姜件10克、葱条10克。

【作业与思考】

1.鱼嘴为何要先腌制?

2.煎焗鱼嘴是否需要勾芡?

3.试比较煎焗法和干煎法的区别。

218

煎焗鱼嘴

【实训项目8】

煎酿三宝

【实训目的】

1. 熟悉烹调法煎焖的技术原理和应用。
2. 掌握煎酿三宝的制作方法和成品要求。

【技术理论与原理】

1. 煎是将加工好的原料排放在有少量油的热锅内,用中慢火加热,使食物原料表面呈金黄色而成熟的烹调方法。按照制作工艺的区别,煎法分为蛋煎、软煎、干煎、半煎炸、煎焗、煎焖等几种。

2. 原料经过煎香后,加入汤水和调味料略焖而成一道热菜的方法称为煎焖。煎焖法由煎和焖共同完成,煎焖结合,先煎后焖,以煎为主,焖制时间不能过长。

3. 煎酿三宝属于煎焖,是将豆腐、茄瓜和凉瓜用肉馅酿好之后,经过煎香,加入汤水和调味料略焖而成一道热菜的烹饪方法。煎酿三宝由煎和焖共同完成,兼具煎的焦香和焖的软滑、入味。

4. 煎酿三宝的成品要求是:规格整齐,外形完整,不脱馅,味道鲜美,香气浓郁,肉质鲜爽嫩滑,芡色油亮。

【实训方法】

1. 烹调方法：煎法——煎焖法。

2. 工艺流程：处理三宝→制作肉馅→酿制三宝→煎至金黄色→调味略焖→勾芡→成品。

3. 操作过程与方法：

（1）凉瓜横切成约 2 厘米高的环形，加枧水焯过后洗净，吸干水分；茄瓜斜刀切成双飞件；辣椒开边去瓤。

（2）把猪肉剁成粒，虾米切成幼粒，和鱼蓉一起加入精盐和其他调味料拌成肉馅。

（3）在凉瓜的内环以及茄瓜、辣椒的内部抹上一层干生粉，再把肉馅分别酿入茄瓜、凉瓜和辣椒内，用湿水抹滑酿口。

（4）猛锅阴油，把酿好的三宝有肉的一面排放锅内，用中火煎至金黄色，取出。

（5）原锅下豆豉、虾米、陈皮，爆香烹酒后，下沸水调味，放入煎过的三宝，加盖略焖。

（6）下生抽、胡椒粉、麻油，再下老抽调色，勾芡，加包尾油，撒上芫荽装碟。

4. 操作要领：

（1）凉瓜要焯至仅熟青绿，吸干水分。

（2）打制肉馅要注意手法，顺时针搅拌。

（3）三宝在酿之前均要涂抹干生粉，酿肉馅必须饱满、牢固，酿口要抹平滑。

（4）使用中火将三宝酿肉馅的一面煎至金黄焦香。

（5）用小火焖制，时间不宜过长。

【实训组织】

1. 老师演示（操作示范：煎酿三宝）。

2. 学生实训（煎酿三宝，2 人一组）。

3. 老师点评（小结，评分）。

【实训准备】

1. 实训工具：

刀具、砧板、炒锅及配套工具、长盘、筷子。

2. 实训材料（每组）：

原料：鱼蓉 180 克、猪肉 50 克、凉瓜 150 克、茄瓜 100 克、辣椒 100 克。

调料：精盐 6 克、味精 3 克、白糖 2 克、生粉 10 克、胡椒粉 2 克、生油 25 克、麻油 2 克、豆豉 10 克、芫荽 5 克、老抽 5 克、生抽 10 克、绍酒 10 克。

【作业与思考】

1. 肉馅要如何打制才能爽滑？

2. 如何酿肉馅才能不脱落？

3.试比较煎焖法和煎焗法的区别。

学生实训评价表   年   月   日

班别			姓名		学号	
实训项目	煎酿三宝			老师评语		
评价内容	配分	实际得分				
规格、造型	20					
火候、熟度	30					
色泽、芡汁	20					
质感、味道	20					
卫生、洁度	10			老师签名：		
总分						

煎酿三宝

八、炸法菜式

烹调法炸是指把加工好的菜肴原料以较多的油量、较高的油温进行加热而成为一道热菜的操作方法。炸是烹调的主要方法之一,具有色泽金黄或大红,口感外甘、香、酥、脆而内嫩的菜肴特色。炸制的菜式大多数都要上浆、上粉或包裹,原料外部处理方法不同,成品风味就不同。因此,炸的方法比较多,分为酥炸法、吉列炸法、蛋白稀浆炸法、脆浆炸法、脆皮炸法、生炸法和纸包炸法七种。

【实训项目1】

香菠咕噜肉

【实训目的】

1. 了解烹调法炸的技术原理和应用。

2. 初步掌握酥炸法的操作方法。

3. 掌握咕噜肉的制作方法和成品要求。

【技术理论与原理】

1. 运用炸的烹调方法制作菜肴时要掌握好油温的变化,在炸制的不同阶段使用不同的火候油温。第一阶段是投料,要使用高油温,使原料迅速定型,浆粉涨发。第二阶段是浸炸,要使用较低的油温,使原料内部充分受热熟透,防止外焦里生。第三阶段是出锅,要使用高油温,使原料内部所含油分排出,成品干爽、耐脆。

2. 酥炸法是将上了酥炸粉的原料炸至酥脆的方法。酥炸法的制作过程一般分为腌料、上粉、下锅、浸炸、出锅、调味等步骤。

3. 咕噜肉属于酥炸,成品要求是:

（1）肉块形状均匀,约2.5厘米边宽。

（2）上粉均匀略厚,炸至金黄色,干爽。

（3）芡汁以包裹原料为宜,碟底略见芡。

（4）色泽鲜红,明亮有光泽。

【实训方法】

1. 烹调方法:炸法——酥炸法。

2. 工艺流程:拌味→上粉→下锅→浸炸→起锅→调味→成品。

3. 操作过程与方法:

（1）将五花肉切成宽2.5厘米的长条后,再斜切成菱形块。

（2）取出罐头菠萝,切成小块。

（3）肉块用精盐、酒腌约20分钟后,加入湿淀粉、蛋液拌匀,再拍上干生粉。

（4）中火烧锅下油,烧至210摄氏度,将肉块放入油中,浸炸至金黄色,用笊篱捞起,沥干油分。

（5）将锅内的油倒出,下蒜蓉、辣椒、葱段爆香,下糖醋烧至微沸,用湿淀粉勾芡,随即放入炸好的肉块、菠萝,迅速炒匀,加尾油和匀即可装碟。

4. 操作要领:

（1）肉块形状均匀,宽约2.5厘米。

（2）上粉前原料必须沥干水分,上粉均匀略厚,待表面略回潮时才炸。

（3）注意控制油温,高温下锅,避锅浸炸,炸至金黄色、干爽。

（4）糖醋味道,颜色要调配得当。

（5）先在锅内勾芡,再下炸好的原料拌匀,芡汁以包裹原料为宜,碟底略见芡。

【实训组织】

1. 老师演示（操作示范：香菠咕噜肉）。

2. 学生实训（香菠咕噜肉,2 人一组）。

3. 老师点评（小结,评分）。

【实训准备】

1. 实训工具：

刀具、砧板、炒锅及配套工具、圆碟、碗、筷子。

2. 实训材料（每组）：

原料：猪五花肉 250 克、菠萝 100 克、鸡蛋 1 个。

调料：精盐、味精、白糖、绍酒、淀粉、糖醋、食用油、胡椒粉、麻油、蒜头、青辣椒、红辣椒。

料头：蒜蓉、椒件、葱段。

【作业与思考】

1. 酥炸法应该如何控制油温?

2. 用酥炸法制作的菜肴有什么特点?

3. 如何制作糖醋汁?

学生实训评价表 　　　　　年　　月　　日

班别		姓名		学号	
实训项目	香菠咕噜肉		老师评语		
评价内容	配分	实际得分			
刀工、造型	20				
火候、色泽、	30				
上粉、质感	20				
芡汁、味道	20				
卫生、洁度	10				
总分			老师签名：		

香菠咕噜肉

【实训项目2】▌▌▌

糖醋排骨（生炒骨）

【实训目的】

1. 了解炸法的油温控制技术。

2. 掌握酥炸法的操作要领。

3. 掌握糖醋排骨的制作方法和成品要求。

【技术理论与原理】

1. 运用炸的烹调方法制作菜肴时要掌握好油温的变化,在炸制的不同阶段使用不同的火候油温。第一阶段是投料,要使用高油温,使原料迅速定型,浆粉涨发。第二阶段是浸炸,要使用较低的油温,使原料内部充分受热熟透,防止外焦里生。第三阶段是出锅,要使用高油温,使原料内部所含油分排出,成品干爽、耐脆。

2. 酥炸法是将上了酥炸粉的原料炸至酥脆的方法。酥炸法有以下特征:一是原料上的是酥炸粉;二是一般投料的油温是180摄氏度;三是使用原料比较广泛;四是成品色泽金黄,外酥香,内鲜嫩,调味方式多样。

3. 制作糖醋汁的材料一般有白醋、片糖、精盐、茄汁、喼汁、吉士粉等。

4. 糖醋排骨的成品要求是:排骨呈方块形,规格均匀,甘香酥脆,不掉粉;芡色鲜红明亮,甜酸可口;芡汁浓度适中,包裹均匀。

【实训方法】

1. 烹调方法:炸法——酥炸法。

2. 工艺流程:斩排骨→腌制→上粉→炸制→调味→装盘→成品。

3. 操作过程与方法:

(1) 将排骨斩至每块长约2.5厘米,洗净,沥干水分。

(2) 排骨加入盐、味精拌匀。

(3) 排骨上粉,先加入湿粉拌匀,再加入鸡蛋液搅拌,然后在表面拍上干生粉。

(4) 烧锅下油烧至180摄氏度,放入排骨,转用中慢火浸炸至排骨熟透,再升高油温,使排骨表面酥脆,色泽金黄,捞起排骨,盛起油。

(5) 炒锅下蒜蓉、椒件、葱段炒香,倒入糖醋汁,用湿粉勾芡后,放入排骨翻炒至芡匀,加尾油装碟即可。

4. 操作要领:

(1) 排骨刀工均匀,规格整齐。

(2) 排骨必须沥干水分,加入盐、味精拌匀。

(3) 把排骨用鸡蛋和湿粉拌匀,然后拍上干生粉,待表面略回潮时才炸。

(4) 注意控制油温,高温下锅,避锅浸炸,炸至金黄色、干爽。

(5) 先在锅内勾芡,再下炸好的原料拌匀,芡汁以包裹原料为宜,碟底略见芡。

【实训组织】

1. 老师演示(操作示范:糖醋排骨)。

2. 学生实训(糖醋排骨,2人一组)。

3. 老师点评(小结,评分)。

【实训准备】

1. 实训工具:

刀具、砧板、炒锅及配套工具、圆碟、碗、筷子。

2. 实训材料(每组):

原料:排骨250克、鸡蛋1个。

调料:精盐、味精、白糖、绍酒、淀粉、糖醋、食用油、胡椒粉、麻油。

料头:蒜蓉、椒件、葱段。

【作业与思考】

1. 排骨上粉后为何要等到回潮时再炸?

2. 炸排骨时为何要用浸炸的方法?

3. 酥炸法和吉列炸法有何区别?

糖醋排骨

【实训项目3】

西湖菊花鱼

【实训目的】

1. 熟悉酥炸法的油温控制技术。

2. 掌握上酥炸粉的操作要领。

3. 掌握西湖菊花鱼的制作方法和成品要求。

【技术理论与原理】

1. 炸是指把加工好的菜肴原料以较多的油量、较高的油温进行加热而成为一道热菜的烹调方法。炸是烹调中的主要制作方法之一,具有色泽金黄或大红,口感外甘、香、酥、脆而内嫩的菜肴特色。炸制的菜式大多数都要上浆、上粉或包裹,原料外部处理方法不同,成品风味就不同。

2. 运用炸的烹调方法制作菜肴时要掌握好油温的变化,在炸制的不同阶段使用不同的火候油温。第一阶段是投料,要使用高油温,使原料迅速定型,浆粉涨发。第二阶段是浸炸,要使用较低的油温,使原料内部充分受热熟透,防止外焦里生。第三阶段是出锅,要使用高油温,使原料内部所含油分排出,成品干爽、耐脆。

3. 西湖菊花鱼的成品要求是:

(1)刀工精细,展开充分,呈菊花形状。

(2)鱼肉上粉均匀,不起粒、不粘连。

（3）炸色为金黄色，干爽香酥。

（4）件数合格，摆砌美观。

（5）芡汁匀滑，色泽明亮，淋芡均匀。

【实训方法】

1. 烹调方法：炸法——酥炸法。

2. 工艺流程：改切鱼肉→腌制→上粉→炸制→摆放→淋芡→成品。

3. 操作过程与方法：

（1）在鱼肉上用斜刀法刻成井字花纹，要求刀口深至皮，但不破皮。然后切成长约4厘米的件，洗净，沥干水分。

（2）下盐和味精与鱼肉拌匀，再把蛋液放进鱼肉中拌匀。

（3）将鱼肉表面拍上干生粉，要保证每根鱼肉都上到粉，然后排放在撒有干粉的碟子上。

（4）烧锅下油，加热至180摄氏度，放入菊花鱼块，转用中慢火浸炸菊花鱼熟透；再升高油温，炸至"花瓣"酥脆、色泽金黄，捞起，摆放在碟上。

（5）盛起锅中油后，顺锅下料头，糖醋汁，用湿粉勾芡，下葱花，加尾油，将芡淋于菊花鱼上，或盛于味碗内另芡上席即可。

4. 操作要领：

（1）鱼肉改切刀工要精细，下刀要深，但不能破皮。

（2）鱼肉如果偏薄则用斜刀法切，增加条形长度。

（3）鱼肉上粉要均匀，保证鱼肉根部也上到粉才能充分展开不粘连。

（4）待表面略回潮时再炸，高温下锅定型，避锅浸炸，炸至金黄色、干爽。

（5）采用淋芡或跟芡的方法，无须在锅内翻炒。

【实训组织】

1. 老师演示（操作示范：西湖菊花鱼）。

2. 学生实训（西湖菊花鱼，2人一组）。

3. 老师点评（小结，评分）。

【实训准备】

1. 实训工具：

刀具、砧板、炒锅及配套工具、长碟、碗、筷子。

2. 实训材料（每组）：

原料：鲩鱼肉200克、鸡蛋1个、五柳50克。

调料：精盐、味精、白糖、绍酒、淀粉、糖醋、食用油、胡椒粉、麻油。

料头：蒜蓉、椒粒、五柳粒、葱花。

【作业与思考】

    1.制作菊花鱼如何才能做到形状美观?

    2.炸菊花鱼为何要高温下锅?

    3.什么是五柳料?

西湖菊花鱼

【实训项目4】

    五柳松子鱼

【实训目的】

    1.熟悉酥炸法的工艺流程。

    2.掌握松子鱼的刀工技术。

    3.掌握五柳松子鱼的制作方法和成品要求。

【技术理论与原理】

    1.炸是指把加工好的菜肴原料以较多的油量、较高的油温进行加热而成为一道热菜的烹调方法。运用炸的烹调方法制作菜肴时要掌握好油温的变化,在炸制的不同阶段使用不同的火候油温。

    2.酥炸法是将上了酥炸粉的原料炸至酥脆的方法。酥炸法有以下特征:一是原料上的是酥炸粉;二是一般投料的油温是180摄氏度;三是使用原料比较广泛;四是成品色泽金黄、外酥香,内鲜嫩,调味方式多样。

    3.五柳松子鱼属于酥炸,它的成品要求是:

    (1)型格完整,鱼体直长,炸色金黄。

（2）花纹清晰,粗细均匀,大小恰当。

（3）干香酥脆,内嫩味鲜。

（4）芡汁红亮,芡量恰当,淋芡均匀。

【实训方法】

1.烹调方法:炸法——酥炸法。

2.工艺流程:起鱼肉→刻松子花刀→腌制→上粉→炸制→淋芡→成品。

3.操作过程与方法:

（1）将鱼起出两条连鱼尾的鱼肉,分别在两条鱼肉面上用双斜刀做出井字花纹。

（2）将改好花刀的鱼肉用精盐、麻油拌匀,加蛋液拌匀,然后拍上干生粉,鱼头直接上干粉。

（3）烧锅下油,加热至210摄氏度,将两条上粉的鱼肉和鱼头放入锅中炸至金黄色、酥脆,取出放在碟中摆回鱼形。

（4）炒锅放回炉上,下五柳丝、蒜蓉、辣椒丝、糖醋汁煮至微沸后用湿淀粉勾芡,加葱丝、尾油和匀淋在鱼面上即可。

4.操作要领:

（1）鱼肉改切刀工要均匀,下刀要深,刀距一致。

（2）鱼肉上粉要均匀,不能起粉粒。

（3）鱼肉下锅时,要拉直两头从锅边下。

（4）高温下锅定型,避锅浸炸,炸至金黄色、干爽。

【实训组织】

1.老师演示(操作示范:五柳松子鱼)。

2.学生实训(五柳松子鱼,2人一组)。

3.老师点评(小结,评分)。

【实训准备】

1.实训工具:

刀具、砧板、炒锅及配套工具、长鱼碟、碗、筷子。

2.实训材料(每组):

原料:鲩鱼1条750克、五柳50克、辣椒1个、鸡蛋1个。

调料:精盐、味精、白糖、绍酒、淀粉、糖醋、食用油、胡椒粉、麻油。

料头:蒜蓉、椒丝、五柳丝、葱丝。

【作业与思考】

1.五柳松子鱼和西湖菊花鱼有何异同?

2.炸松子鱼的油温火候如何控制?

3.松子鱼上粉要注意哪些问题?

五柳松子鱼

【实训项目5】

脆炸直虾

【实训目的】

1. 掌握炸烹调法的操作方法。

2. 了解脆浆炸法的技术原理和应用。

3. 掌握脆炸直虾的制作方法和成品要求。

【技术理论与原理】

1. "脆浆"是指以面粉为主料,加起发材料、清水和油调制而成的一种粉浆。把调好的脆浆裹在无骨、成形的原料表面,炸至膨胀酥脆成为热菜的烹调方法称为脆浆炸法。

2. 脆浆炸是利用油的高热,使发酵后内部充满气泡的脆浆骤然受热膨胀,固定成形硬化。脆浆炸以脆浆的好坏为主要标准,成品具有表面圆滑疏松,色泽浅金黄,耐脆而松化的特点。

3. 脆浆有两种调制方法:以面种作为起发材料的脆浆称为"有种脆浆";以发酵粉作为起发材料的脆浆称为"发粉脆浆",又称"急浆"。调制脆浆对配方和手法的要求都非常高,以脆浆的起发效果作为调浆是否成功的主要检验标准。

4. 脆炸直虾的成品要求是:脆浆起发好,色泽金黄,表面圆滑,起蚊帐布眼,酥脆耐脆,无苦涩味或酸味;虾身直,虾肉爽滑,味鲜。

【实训方法】

1. 烹调方法:炸法——脆浆炸法。

2. 工艺流程:调脆浆→处理主副料→炸副料→上脆浆→炸虾→跟佐料→成品。

3. 操作过程与方法:

(1) 按配方调好脆浆,静置发酵。

（2）将大虾去壳、留尾，在腹部横切 3 刀（深约 1/2），洗净吸干水分，加入盐拌匀。

（3）将马铃薯削皮后切成条形，下油锅炸至酥脆。

（4）用手拿着大虾的尾部，把虾肉均匀裹上脆浆，放入油锅炸至虾身硬直。

（5）用花纸垫底，薯条在碟中砌叠，把直虾靠薯条摆好，跟佐料淮盐、喼汁。

4.操作要领：

（1）要以正确的配方和手法调好脆浆。

（2）根据不同浆种运用恰当的油温。

（3）掌握原料挂浆、下锅手法，保证成品表面圆滑、成型美观。

（4）浸炸时间足够，成品才能耐脆。

【实训组织】

1.老师演示（操作示范：脆炸直虾）。

2.学生实训（脆炸直虾，2 人一组）。

3.老师点评（小结，评分）。

【实训准备】

1.实训工具：

刀具、砧板、炒锅及配套工具、圆碟、碗、筷子。

2.实训材料（每组）：

原料：鲜虾 12 只、面粉 300 克、发酵粉 15 克、马铃薯 1 个。

调料：精盐、味精、胡椒粉、生粉、食用油。

【作业与思考】

1.请写出发粉脆浆的调制方法和要领。

2.如何掌握直虾加工和挂浆的手法？

3.为什么脆浆会出现苦涩现象？

学生实训评价表   年   月   日

班别		姓名		学号	
实训项目	脆炸直虾		老师评语		
评价内容	配分	实际得分			
上浆、成型	30				
火候、色泽、	30				
质感、味道	30				
卫生、洁度	10				
总分			老师签名：		

脆炸直虾

【实训项目6】

脆炸三丝卷

【实训目的】

1. 掌握脆浆的调配。

2. 熟悉脆浆炸法的操作技术。

3. 掌握三丝卷的制作方法和成品要求。

【技术理论与原理】

1. "脆浆"是指以面粉为主料,加起发材料、清水和油调制而成的一种粉浆。把调好的脆浆裹在无骨、成形的原料表面,炸至膨胀酥脆成为热菜的烹调方法称为脆浆炸法。

2. 脆浆炸是利用油的高热,使发酵后内部充满气泡的脆浆骤然受热膨胀,固定成形硬化。脆浆炸以脆浆的好坏为主要标准,成品具有表面圆滑疏松,色泽浅金黄,耐脆而松化的特点。

3. "三丝卷"是用包的手法造型。"包"是指用性质软薄的材料包裹着各种主料而成长方造型的手法。用作包的材料一般有腐皮、薄饼、蛋皮、威化纸、锡纸等,而主料多为馅料或丝、粒条、块等形状的原料。

4. 包的造型质量要求是:成型多为日字形或长方形,要整齐统一,造型美观,包制要紧密严实,不松散,不露馅。

5. 脆炸三丝卷的成品要求是:脆浆起发好,色泽金黄,表面圆滑,起蚊帐布眼,酥脆耐脆,无苦涩味或酸味;成型美观;丝料爽滑、味鲜。

【实训方法】

1. 烹调方法:炸法——脆浆炸法。

2. 工艺流程:调脆浆→制作馅料→包三丝卷→上脆浆→炸制→跟佐料→成品。

3. 操作过程与方法:

(1)把枚肉、鲜笋、猪肝切成粗丝。把鲜笋滚过,枚肉、猪肝加湿粉拌匀,猪肝飞水后和肥肉一起拉油。

(2)烧锅下油把枚肉、猪肝、鲜笋放入,加盐、味精炒熟勾薄芡,装在盘子里拌入韭黄。

(3)铺开薄饼,面朝上,把三丝放在靠操作者身体一侧,折起这一侧的薄饼,再折起两侧薄饼,向前卷动,末端用脆浆封口,形成长约10厘米、宽约4厘米略扁的长条形状。

(4)猛火烧锅下油烧至六成油温,端离火位,将三丝卷逐件裹上脆浆放入油中,以中火炸至皮脆,呈金黄色,捞起晾干油分。

(5)将炸好的三丝卷每件切成四件,放在用花纸垫底的碟中,跟佐料淮盐、喼汁即可。

4. 操作要领:

(1)包三丝卷时要注意手法和顺序,每个都规格一致。

(2)三丝卷要包得方正、紧密、牢固,原料不能外露或者脱落;收口必须用粉浆封住,不能散开。

(3)要以正确的配方和手法调好脆浆。

(4)掌握原料挂浆、下锅手法,保证成品表面圆滑、成型美观。

(5)浸炸时间足够,成品才能耐脆。

【实训组织】

1. 老师演示(操作示范:脆炸三丝卷)。

2. 学生实训(脆炸三丝卷,2人一组)。

3. 老师点评(小结,评分)。

【实训准备】

1. 实训工具:

刀具、砧板、炒锅及配套工具、长碟、碗、筷子。

2. 实训材料(每组):

原料:面粉300克、发酵粉15克、枚肉100克、猪肝100克、鲜笋100克、韭黄5克、薄饼6件。

调料:精盐、味精、胡椒粉、生粉、料酒、食用油。

【作业与思考】

1. 有种脆浆和发粉脆浆有何区别?

2. 脆浆不起发或起发过度的原因是什么?

3. 包三丝卷要注意掌握哪些关键要素?

脆炸三丝卷

【实训项目7】

酥炸虾盒

【实训目的】

1. 了解蛋白稀浆炸法的技术原理。

2. 掌握蛋白稀浆的调配。

3. 掌握酥炸虾盒的制作方法和成品要求。

【技术理论与原理】

1. 烹调法炸是指把加工好的菜肴原料以较多的油量、较高的油温进行加热而成为一道热菜的操作方法。炸是烹调中的主要制作方法之一,具有色泽金黄或大红,口感外甘、香、酥、脆而内嫩的菜肴特色。炸制的菜式大多数都要上浆、上粉或包裹,原料外部处理方法不同,成品风味就不同。因此,炸的方法比较多,分为酥炸法、吉列炸法、蛋白稀浆炸法、脆浆炸法、脆皮炸法、生炸法和纸包炸法七种。

2. 蛋白稀浆炸法是指将加工成形的原料挂上蛋白稀浆炸至酥脆的烹调方法。蛋白稀浆炸的原料造型多为两片薄的圆形肥肉片包馅料而成的盒形。酥炸虾盒属于蛋白稀浆炸法。它的制作关键主要是肥肉的刀工处理和蛋白稀浆的调配。

3. 由于肥肉结构松软、油滑,故直接片切十分困难,甚至无法片切成型。因此,肥肉在片切前首先要冷冻至一定的硬度,再行片切。又因肥肉冻后刀片难以移动,所以,片肥肉要准备一盆开水,片之前用开水把刀烫热,利用刀热将脂肪融化,才能顺利片切。

4. 酥炸虾盒的成品要求是:

(1) 虾盒造型完整美观,虾胶、芫荽能较清楚透现,无开口。

(2) 色泽金黄,表面布幼脆丝和小珍珠泡,干爽。

(3) 肥肉甘香酥脆,馅肉爽滑,味道鲜美。

【实训方法】

1. 烹调方法:炸法——蛋白稀浆炸法。

2. 工艺流程:制虾胶→片切肥肉→腌制肥肉片→制虾盒→挂浆→炸制→摆盘→成品。

3. 操作过程与方法:

(1)将虾肉打制成虾胶,挤成 24 粒丸子待用。

(2)将肥肉修改成直径约 4 厘米的圆形,然后切成厚约 0.2 厘米的薄片,共 48 片,用曲酒、精盐、味精腌制约 20 分钟。

(3)取大碟 1 个,撒上干生粉,把腌好的 24 肥肉片铺在碟上,取出肉丸粒放在肥肉片上,肉丸面放香菜叶 1 片,然后将余下的 24 片肥肉片分别盖在肉丸面上,把两片肥肉捏紧合成圆盒状,再撒上少许生粉。

(4)将蛋清搅匀,加入湿淀粉,调成蛋白稀浆。

(5)烧锅下油烧至 180 摄氏度,将虾盒逐个裹上蛋白稀浆后放入油中,用中火炸浸至浅金黄色并熟,取出,滤去油,装碟叠成山形,用香菜围边成菜。

4. 操作要领:

(1)虾胶馅料制作要注意手法。

(2)肥肉要片得薄而整齐,还要用白酒腌制去油腻。

(3)蛋白稀浆的配方要准确,浆要调匀,要无粉粒、无蛋泡。

(4)上浆前,在光滑原料的表面应拍上一层薄的干淀粉。

(5)控制好下锅油温,炸制中注意保护表面脆丝。

(6)浸炸时间要足够,保证馅料熟透,成品干爽。

【实训组织】

1. 老师演示(操作示范:酥炸虾盒)。

2. 学生实训(酥炸虾盒,2 人一组)。

3. 老师点评(小结,评分)。

【实训准备】

1. 实训工具:

刀具、砧板、炒锅及配套工具、圆碟、碗、筷子。

2. 实训材料(每组):

原料:虾肉 150 克、肥肉 200 克、鸡蛋 3 个、芫荽 50 克。

调料:精盐、味精、生粉、白酒、食用油。

【作业与思考】

1. 如何片切肥肉?

2. 肥肉为何要用白酒腌制?

3. 调制蛋白稀浆要注意哪些关键?

酥炸虾盒

【实训项目8】

吉列鱼块

【实训目的】

1. 了解吉列炸法的技术原理和应用。
2. 能够掌握吉列炸法和酥炸法的区别。
3. 掌握吉列鱼块的制作方法和成品要求。

【技术理论与原理】

1. 烹调法炸是指把加工好的菜肴原料以较多的油量、较高的油温进行加热而成为一道热菜的操作方法。炸制的菜式大多数都要上浆、上粉或包裹,原料外部处理方法不同,成品风味就不同。因此,炸的方法比较多,分为酥炸法、吉列炸法、蛋白稀浆炸法、脆浆炸法、脆皮炸法、生炸法和纸包炸法七种。

2. 吉列炸法是指将加工成型的原料裹上吉列粉炸至酥脆的烹调方法。吉列炸法与酥炸法在操作上有相似的地方,而两者的主要区别是:

(1)吉列炸法的原料上吉列粉,最后一层是面包屑;酥炸法的原料上的是酥炸粉,最后一层是干生粉。

(2)吉列炸法用150摄氏度油温下锅;酥炸法是用180摄氏度油温下锅。

(3)吉列炸法的菜式是干上,以淮盐、喼汁为佐料;酥炸菜式调味有多种方式。

3. 吉列鱼块的成品要求是:造型整齐美观,上粉均匀,色泽金黄,不焦,外酥松甘香,内嫩味鲜。

【实训方法】

1. 烹调方法:炸法——吉列炸法。

2. 工艺流程:鱼肉切块→腌制→上吉列粉→炸制→摆盘→成品。

3. 操作过程与方法:

（1）将鲈鱼肉去皮,切成 8 厘米×5 厘米×0.4 厘米的块,用精盐、麻油腌约 5 分钟。

（2）把鸡蛋液拌匀,与生粉调成蛋浆,放入鱼块拌匀,然后将鱼块放在面包糠里,使其裹上一层面包糠。

（3）烧热下油,烧至 150 摄氏度,将鱼块逐块放入油锅,用炸浸的方法炸至鱼块呈金黄色并熟,取出,排在碟上,用香菜围边即成。

4. 操作要领:

（1）刀工均匀、整齐,数量足够。

（2）蛋浆浓度适宜,要上匀但不宜太厚。

（3）上面包糠要均匀,上粉后要稍微压紧。

（4）面包糠如果有甜味则容易炸焦。

（5）注意控制下锅油温,要避锅浸炸。

【实训组织】

1. 老师演示(操作示范:吉列鱼块)。

2. 学生实训(吉列鱼块,2 人一组)。

3. 老师点评(小结,评分)。

【实训准备】

1. 实训工具:

刀具、砧板、炒锅及配套工具、圆碟、碗、筷子。

2. 实训材料(每组):

原料:鱼肉 300 克、面包糠 150 克、鸡蛋 1 个。

调料:精盐、味精、绍酒、生粉、胡椒粉、麻油、食用油。

【作业与思考】

1. 吉列炸法和酥炸法有何区别?

2. 为何面包糠不能有甜味?

3. 吉列炸法如何运用油温?

吉列鱼块

【实训项目9】

吉列海鲜卷

【实训目的】

1.熟悉吉列炸法的工艺流程。

2.掌握吉列炸法的油温控制技术。

3.掌握吉列海鲜卷的制作方法和成品要求。

【技术理论与原理】

1.运用炸的烹调方法制作菜肴时要掌握好油温的变化,在炸制的不同阶段使用不同的火候油温。第一阶段是投料,要使用高油温,使原料迅速定型,浆粉涨发。第二阶段是浸炸,要使用较低的油温,使原料内部充分受热熟透,防止外焦里生。第三阶段是出锅,要使用高油温,使原料内部所含油分排出,成品干爽、耐脆。

2.炸的菜式大多都要在原料表面上浆、上粉,除了具有增加颜色和风味效果的作用以外,还能够保护原料的营养不被破坏,也减少有害物质的形成。

3.吉列海鲜卷的成品要求是:造型整齐美观,上粉均匀,色泽金黄,不焦,质感酥脆,味道合适。

【实训方法】

1.烹调方法:炸法——吉列炸法。

2.工艺流程:原料焯水→调制馅料→包卷成形→挂糊→粘面包糠→炸制→跟佐料→成品。

3.操作过程与方法:

(1)将笋片、香菇片用二汤加精盐滚片刻取出,沥去水分;把虾仁、带子、蟹柳片用沸水略滚,取出吸干水分。

(2)将笋片、香菇片、韭黄、香菜、虾仁、带子、蟹柳肉加味精、沙律酱拌匀,分成12份,把薄饼皮铺开,每张薄饼放入馅料一份,包卷成约8厘米×3厘米的长方形卷,用蛋浆糊口。

(3)将包好的海鲜卷放入蛋浆中拌匀,取出,再拌上面包糠放在碟上待炸。

(4)烧热下油,烧至150摄氏度,将海鲜卷逐一放入油中浸炸至金黄色,外表酥脆,取出,排放在碟上,跟佐料淮盐、喼汁成菜。

4.操作要领:

(1)海鲜卷要外形一致,包裹不散不漏。

(2)馅心刀工整齐,调味可口适宜。

(3)蛋浆浓度适宜,要上匀但不宜太厚。

(4)上面包糠要均匀,上粉后要稍微压紧。

(5)注意控制下锅油温,要避锅浸炸。

【实训组织】

1.老师演示(操作示范:吉列海鲜卷)。

2.学生实训(吉列海鲜卷,2人一组)。

3.老师点评(小结,评分)。

【实训准备】

1.实训工具:

刀具、砧板、炒锅及配套工具、碟、碗、筷子。

2.实训材料(每组):

原料:虾仁30克、蟹柳30克、西芹100克、胡萝卜50克、笋肉50克、韭黄50克、香菜50克、湿冬菇50克、鸡蛋1个、糯米纸1张、面包糠200克。

调料:精盐、味精、沙律酱绍酒、生粉、胡椒粉、麻油、食用油。

【作业与思考】

1.吉列海鲜卷和脆炸三丝卷有何区别?

2.上吉列粉时的蛋浆起什么作用?

3.制作吉列炸法的品种有何技术关键?

吉列海鲜卷

【实训项目 10】

脆皮炸鸡

【实训目的】

1. 了解糖的受热变化原理。
2. 掌握脆皮炸法的技术工艺。
3. 掌握脆皮炸鸡的制作方法和成品要求。

【技术理论与原理】

1. 烹调法炸是指把加工好的菜肴原料以较多的油量、较高的油温进行加热而成为一道热菜的操作方法。炸是烹调中的主要制作方法之一,具有色泽金黄或大红,口感外甘、香、酥、脆而内嫩的菜肴特色。炸制的菜式大多数都要上浆、上粉或包裹,原料外部处理方法不同,成品风味就不同。因此,炸的方法比较多,分为酥炸法、吉列炸法、蛋白稀浆炸法、脆浆炸法、脆皮炸法、生炸法和纸包炸法七种。

2. 脆皮炸法是指原料用白卤水浸熟后上脆皮糖水,晾干后放进油锅内炸至皮色大红而脆的烹调方法。脆皮炸法一般以鸡、鸽、猪大肠为原料,先用白卤水浸熟,再上脆皮糖水,晾干后才炸制;佐料是糖醋芡或淮盐、喼汁。

3. 白卤水的制作方法是:把八角、沙姜、丁香、桂皮、草果、花椒、甘草等药材用布袋装好扎紧,放在清水中用慢火熬约 1 小时,加入精盐即成。脆皮糖水是用麦芽糖、浙醋、酒、生粉和水混合调成。

4.脆皮炸鸡的成品要求是:皮色大红,色泽均匀;斩件均匀,造型美观;鸡皮脆度好,熟度适当;肉质口感好,味道鲜里透香。

【实训方法】

1.烹调方法:炸法——脆皮炸法。

2.工艺流程:光鸡整理→白卤水浸制→调上糖水→晾干→炸制→调制佐料→斩件造型→成品。

3.操作过程与方法:

（1）将光鸡眼睛刺穿,洗净,放入微沸的白卤水中,用慢火将鸡浸至仅熟,取出,用沸水淋过,再用干毛巾吸干鸡身水分。

（2）将麦芽糖、浙醋、绍酒、清水、干生粉调匀,均匀地涂在鸡上,晾干。

（3）把晾干的鸡头连颈斩下。猛火烧锅下油加热至150摄氏度,放入鸡头炸至金黄色,然后放入虾片炸至膨胀发脆,捞起。

（4）把鸡放在笊篱里托着,放入油锅,首先用热油淋鸡内腔至热,然后边炸边摆动笊篱,将鸡炸至大红色,皮脆,取出滤去油。迅速将鸡斩成块在碟中砌成鸡形,四周摆放炸虾片。

（5）炒锅放回炉上,下葱米、辣椒米、蒜蓉、糖醋,微沸后加入湿淀粉拌均匀,加尾油成芡,分盛两小碟中,与鸡一道上席。

4.操作要领:

（1）选用质量上乘的毛鸡,烫毛水温要合适,不可将鸡皮破坏。

（2）要将光鸡眼睛刺穿,以免加热时爆炸伤人。

（3）用白卤水浸制时,火不能太猛,以仅熟为度。

（4）要用洁净的毛巾吸干鸡体表面的油和水,再将脆皮糖水均匀地涂抹于鸡体表面。

（5）晾皮时,只可风干不可晒干,也不可用手触摸。

（6）用适当油温炸至皮色为大红色。

（7）砧板要干净,鸡皮朝上,斩件时动作要迅速。

【实训组织】

1.老师演示(操作示范:脆皮炸鸡)。

2.学生实训(脆皮炸鸡,4人一组)。

3.老师点评(小结,评分)。

【实训准备】

1.实训工具:

刀具、砧板、炒锅及配套工具、长碟、碗、筷子。

2.实训材料(每组):

原料:毛鸡项1只、虾片10克、辣椒1个。

调料:精盐、味精、白糖、绍酒、胡椒粉、麻油、淀粉、食用油、白卤水、麦芽糖、浙醋、糖醋、葱、蒜头。

【作业与思考】

1.做好脆皮炸鸡有哪些关键环节?

2.为什么脆皮鸡有色红皮脆的效果,请分析原理。

3.如何制作白卤水?

学生实训评价表　　　　　　年　　月　　日

班别		姓名		学号	
实训项目	脆皮炸鸡	老师评语			
评价内容	配分	实际得分			
火候、色泽	40				
刀工、造型	20				
质感、味道	30				
卫生、洁度	10				
总分			老师签名:		

脆皮炸鸡

【实训项目11】

生炸鸡翅

【实训目的】

1. 掌握生炸法的技术原理和操作方法。

2. 了解脆皮炸法和生炸法的区别。

3. 掌握生炸鸡翅的制作方法和成品要求。

【技术理论与原理】

1. 烹调法炸是指把加工好的菜肴原料以较多的油量、较高的油温进行加热而成为一道热菜的操作方法。炸的方法比较多,分为酥炸法、吉列炸法、蛋白稀浆炸法、脆浆炸法、脆皮炸法、生炸法和纸包炸法七种。

2. 生炸法是指把生料腌制后上老抽或糖水,炸熟成为大红色并有香酥风味的菜肴的烹调方法。生炸的原料不上浆、粉,但是要上特制的糖水或老抽,下锅油温要到180摄氏度,浸炸时间较长。

3. 生炸法和脆皮炸法的区别是:

(1)生炸的原料用味料腌制入味;脆皮炸的原料用白卤水浸熟入味。

(2)生炸原料可上糖水也可上老抽使表皮炸成红色;脆皮炸原料只能上脆皮糖浆水来使表皮炸成红色。

(3)生炸原料如果用老抽上皮可不晾干直接炸,炸制时间较长;脆皮炸原料上糖水后须晾干再炸,炸制时间短。

(4)生炸菜式肉嫩滑、味鲜、有汁;脆皮炸菜式皮脆、骨香、肉软滑。

(5)生炸菜式皮虽红但不鲜艳,且不耐脆;脆皮炸菜式皮色大红而耐脆。

4. 生炸鸡翅的成品要求是:皮色大红,香酥味鲜,肉滑有汁。

【实训方法】

1. 烹调方法:炸法——生炸法。

2. 工艺流程:鸡翅腌制→抹上糖水→晾干→炸制→跟佐料→成品。

3. 操作过程与方法:

(1)将红萝卜、香菜、西芹、洋葱切碎,加精盐、味精及露酒一起和鸡翅拌匀,腌制30分钟。

(2)将鸡翅去除腌料后用沸水冲净,涂上麦芽糖水,晾干。

(3)猛火烧锅下油加热至180摄氏度,放入鸡翅炸至皮稍转色,避火浸炸5分钟至熟。

(4)升高油温,把鸡翅炸至大红色捞起,沥干油分。

(5)将炸好的鸡翅摆放在用花纸垫底的碟上,跟淮盐、喼汁即成。

4. 操作要领:

（1）鸡翅要腌制入味。

（2）鸡翅上糖水后要晾干再炸。

（3）要慢火浸炸使鸡翅成熟,避免外焦里生。

（4）掌握好炸制时间,使内部肉质保持水分。

【实训组织】

1. 老师演示(操作示范:生炸鸡翅)。

2. 学生实训(生炸鸡翅,2 人一组)。

3. 老师点评(小结,评分)。

【实训准备】

1. 实训工具:

炒锅及配套工具、碟、碗、筷子。

2. 实训材料(每组):

原料:中鸡翅 4 只、红萝卜 50 克、洋葱 50 克、香菜 10 克、西芹 50 克。

调料:精盐、味精、白糖、绍酒、生粉、露酒、麦芽糖、浙醋、食用油。

【作业与思考】

1. 生炸法有何技术要领?

2. 生炸法与脆皮炸法有何区别?

3. 原料如果采用上老抽办法应该用什么油温下锅?

生炸鸡翅

【实训项目 12】

纸包鸡

【实训目的】

1. 了解纸包炸法的技术原理和操作方法。
2. 掌握纸包鸡的制作方法和成品要求。

【技术理论与原理】

1. 烹调法炸是指把加工好的菜肴原料以较多的油量、较高的油温进行加热而成为一道热菜的操作方法。炸是烹调中的主要制作方法之一,具有色泽金黄或大红,口感外甘、香、酥、脆而内嫩的菜肴特色。炸制的菜式大多数都要上浆、上粉或包裹,原料外部处理方法不同,成品风味就不同。因此,炸的方法比较多,分为酥炸法、吉列炸法、蛋白稀浆炸法、脆浆炸法、脆皮炸法、生炸法和纸包炸法七种。

2. 纸包炸法是用纸把腌制好或拌了味的原料包裹好,放进热油中炸熟成菜的烹调方法。纸包炸法所用的纸是威化纸(又叫糯米纸),也可用干净的纱纸代替。纸包炸法一般选用不带骨的净肉料,用纸包成小件,以150摄氏度油温下锅炸制。

3. 纸包鸡的成品要求是:包裹严密,不漏汁,色泽浅黄,肉香且嫩滑,不油腻。

【实训方法】

1. 烹调方法:炸法——纸包炸法。

2. 工艺流程:改切鸡肉→调味→用威化纸卷包→炸制→摆盘→成品。

3. 操作过程与方法:

(1) 将鸡肉剞井字花纹后,切成5厘米×4厘米×0.5厘米的鸡球24件,用蒜蓉、姜丝、葱米、椒米、豆豉蓉等味料拌匀后,加入蛋清拌匀。

(2) 将每块鸡球用威化纸包日字形,用蛋清加淀粉糊口,然后排放在撒上干生粉的碟中。

(3) 烧锅下油,烧至150摄氏度,放入纸包鸡,用浸炸的方法将鸡球炸至熟,取出,滤去油,排放在碟中即成。

4. 操作要领:

(1) 鸡肉改刀要均匀,加味料腌制。

(2) 要注意包裹的手法顺序,规格整齐,密不漏汁。

(3) 包好不可久放,即包即炸,避免潮湿穿孔。

(4) 注意下锅油温不能太高,要浸炸熟透。

【实训组织】

1. 老师演示(操作示范:纸包鸡)。

2. 学生实训(纸包鸡,4人一组)。

3.老师点评(小结,评分)。

【实训准备】

1.实训工具:

刀具、砧板、炒锅及配套工具、碟、碗、筷子。

2.实训材料(每组):

原料:鸡肉300克、鸡蛋2个。

调料:蒜蓉、姜丝、葱米、椒米、精盐、味精、生抽、豆豉蓉、麻油、胡椒粉、生油。

【作业与思考】

1.纸包炸法有何特点?

2.纸包炸法和生炸法有何区别。

3.纸包炸法如何鉴别肉料的生熟?

学生实训评价表   年   月   日

班别		姓名		学号	
实训项目		纸包鸡	老师评语		
评价内容	配分	实际得分			
火候、色泽	30				
刀工、造型	30				
质感、味道	30				
卫生、洁度	10				
总分			老师签名:		

纸包鸡

九、扒法菜式

两种或两种以上的原料分别烹熟后,以分层次的造型上碟而成一道热菜的烹调法称为扒。扒,具有层次分明、造型美观、色泽鲜明、口味丰富的特点。扒制的菜式用料广泛,预制处理的方式也是多种多样,一般是先烹制底层的菜肴,然后以原汁或其他汁液调成芡淋在其上,或以各种原料经过烹制后与芡汁一起铺放在底菜之上。

【实训项目1】

蚝油扒鲜菇

【实训目的】

1. 了解烹调法扒的技术原理和应用。
2. 掌握汁扒的基本方法。
3. 掌握蚝油扒鲜菇的制作过程和成品要求。

【技术理论与原理】

1. 扒菜由底菜和面菜两部分组成,底菜与面菜分别烹制,然后再组合在一起。按面菜的属性分,扒菜分为料扒法和汁扒法两种。

2. 汁扒法是将味汁勾芡后浇于底菜上的方法。汁扒法先烹制好底菜摆放整齐,然后以原汁或以其他有独特风味的调味汁液、酱料(如火腿汁、蚝油)推成较宽、较稀薄的芡汁淋在底菜之上。汁扒菜式通过味汁显示其风味特点,因而选用恰当且优质的味汁是制作这类菜式的关键。"蚝油扒鲜菇"属于汁扒。

3. 蚝油扒鲜菇的成品要求是:鲜菇形状美观,大小均匀,改刀准确,芡色金红,芡量稍多且宽,味道鲜甜,蚝香浓郁。

【实训方法】

1. 烹调方法:扒法——汁扒。
2. 工艺流程:削改鲜菇→炟鲜菇→煨鲜菇→烹制鲜菇→调味勾芡→成品。
3. 操作过程与方法:
(1) 削去鲜菇泥根,在根部刻两刀成十字形,在菇伞顶上切一刀,深度均为0.5厘米,洗干净之后放入锅里滚熟,再用清水漂洗。
(2) 鲜菇再次用沸水滚过,捞起用干毛巾吸干水分。
(3) 烧锅下油,溅入姜汁酒,倒入淡二汤、精盐和鲜菇,把鲜菇煨透,捞起用干毛巾吸干菇体内的水分。
(4) 猛火烧锅,下油、鲜菇和蚝油,炒香之后溅入绍酒,倒入上汤、味精、白糖、胡椒粉和

老抽拌略焖。

（5）调匀湿粉下锅勾芡；加麻油和包尾油炒均匀，装碟，将多余的芡汁淋在鲜菇上即可。

4. 操作要领：

（1）鲜菇削根要干净，菇顶和菇根都要刻刀。

（2）鲜菇滚、㸆要透彻，煨要入味。

（3）要选用质量好、蚝味浓的蚝油。

（4）成芡匀滑鲜明，宽且红亮。

【实训组织】

1. 老师演示（操作示范：蚝油扒鲜菇）。

2. 学生实训（蚝油扒鲜菇，2 人一组）。

3. 老师点评（小结，评分）。

【实训准备】

1. 实训工具：

刀具、炒锅及配套工具、碟、筷子。

2. 实训材料（每组）

原料：鲜菇 750 克、上汤 100 克、淡二汤 1000 克。

调料：精盐 6 克、味精 5 克、白糖 2 克、蚝油 15 克、姜汁酒 15 克、胡椒粉克 1 克、绍酒 10 克、老抽 10 克、麻油 1 克、生粉 15 克、生油 75 克。

【作业与思考】

1. 鲜菇为何要在根部和顶部刻刀？

2. 如何煨鲜菇？

3. 扒的烹调法有何特点？

学生实训评价表　　　　　　　　年　　月　　日

班别		姓名		学号	
实训项目	蚝油扒鲜菇		老师评语		
评价内容	配分	实际得分			
色泽、芡头	50				
质感、味道	40				
卫生、洁度	10				
总分			老师签名：		

蚝油扒鲜菇

【实训项目2】

冬菇扒芥胆

【实训目的】

1. 熟悉烹调法扒的工艺流程。
2. 掌握料扒的基本方法。
3. 掌握冬菇扒芥胆的制作过程和成品要求。

【技术理论与原理】

1. 两种或两种以上的原料分别烹熟后,以分层次的造型装碟而成一道热菜的烹调法称为扒。扒菜由底菜和面菜两部分组成。底菜与面菜分别烹制,然后再组合在一起。按面菜的属性分,扒菜分为料扒法和汁扒法两种。

2. 料扒法是各种原料(多为肉料)经适当烹调后摆砌在底菜之上的烹调方法。由于多种原料集结成菜,所以料扒的菜品具有多样化的滋味。这类菜式为了让面菜摆放得体,均要求芡汁略紧于汁扒。料扒的芡色一般以主料的色彩为依据。

3. 冬菇扒芥胆的成品要求是:菜胆整齐排放在盘中,冬菇铺在菜胆上面。冬菇软滑,芡色浅红,芡厚匀滑仅泻脚。

【实训方法】

1. 烹调方法:扒法——料扒。

2.工艺流程:煨冬菇→炟芥菜胆→炒芥胆→排芥胆→冬菇调味勾芡→铺在芥胆之上。

3.操作过程与方法:

（1）把冬菇洗干净,揸干水分,放在汤锅内,加入姜件、葱条、鸡油、绍酒、精盐、白糖、味精和沸水,炖20分钟。

（2）将芥菜洗干净,改成芥菜胆,在锅内下清水至烧沸,下枧水,下芥菜胆,炟至芥菜胆青绿并焓,取出漂水,切齐尾端。

（3）浇锅下油,煸炒芥菜胆,用精盐调味,勾芡,排在盘上。排砌时,菜头在两端朝外放,菜尾端在碟中间重合。

（4）烧锅下油,烹酒,下二汤、精盐、味精、冬菇、蚝油、白糖略焖。

（5）下老抽、胡椒粉、麻油,下湿粉勾芡,铺放在芥菜胆上成菜。

4.操作要领:

（1）冬菇要煨入味,最好放入鸡油或猪油。

（2）改芥菜胆要符合规格,炟焓后要用清水洗净菜叶,用刀切齐尾部。

（3）排放芥菜胆时菜头部分要向两端,摆放整齐美观。

（4）冬菇成芡匀滑明亮,色泽浅红、略宽。

【实训组织】

1.老师演示(操作示范:冬菇扒芥胆)。

2.学生实训(冬菇扒芥胆,2人一组)。

3.老师点评(小结,评分)。

【实训准备】

1.实训工具:

炒锅及配套工具、刀具、砧板、长碟、筷子。

2.实训材料(每组):

原料:湿冬菇150克、芥菜500克、枧水20克、鸡油3克0、二汤100克、

调料:精盐10克、味精3克、白糖3克、绍酒5克、蚝油8克、老抽5克、胡椒粉0.5克、麻油1克、湿淀粉15克、食用油50克。

料头:姜件、葱条。

【作业与思考】

1.如何煨冬菇?

2.如何炟芥菜胆?

3.料扒和汁扒有何区别?

冬菇扒芥胆

【实训项目3】

肉丝扒郊菜

【实训目的】

1. 熟悉料扒的工艺流程和特点。

2. 掌握肉丝的刀工和火候处理。

3. 掌握肉丝扒郊菜的制作过程和成品要求。

【技术理论与原理】

1. 两种或两种以上的原料分别烹熟后,以分层次的造型装碟而成一道热菜的烹调法称为扒。扒菜由底菜和面菜两部分组成。底菜与面菜分别烹制,然后再组合在一起。按面菜的属性分,扒菜分为料扒法和汁扒法两种。

2. 料扒法是各种原料(多为肉料)经适当烹调后摆砌在底菜之上的烹调方法。这类菜式为了让面菜摆放得体,均要求芡汁略紧于汁扒。"肉丝扒郊菜"属于料扒法。做法是先煸炒好郊菜放上碟,然后将肉丝烹制成形铺盖在郊菜上而成菜。

3. 由于料扒的芡宜紧,而汁扒的芡宜稍宽,所以肉丝扒郊菜的芡要紧。又因为料扒的芡色一般以主料的色彩为依据,所以肉丝扒郊菜的芡色是清芡。

4. 肉丝扒郊菜的成品要求是:层次分明,造型美观;郊菜青绿,摆放整齐;肉丝刀工均匀,芡色明净,宽紧适宜,味道清爽鲜滑。

【实训方法】

1. 烹调方法:扒法——料扒。

2. 工艺流程:剪郊菜→切肉丝→烹制郊菜→摆砌上碟→烹制肉丝→铺盖菜面→成品。

3. 操作过程与方法:

（1）将菜心剪成 12 厘米长的郊菜,洗净。

（2）将里脊肉切成中丝,用湿粉拌均匀。

（3）猛锅下油,加汤水把郊菜煸炒至青绿色仅熟,调味勾芡,整齐排上碟作为底菜。

（4）猛火烧锅,把油加热至 150 摄氏度,把肉丝泡油至九成熟,倒起沥干油。

（5）原锅下油,加汤水调味倒入肉丝,调味勾芡,铺在郊菜上即可。

4. 操作要领:

（1）剪菜要合格。

（2）切肉丝刀工均匀,整齐划一。

（3）郊菜煸炒至青绿。

（4）肉丝泡油时要注意油温,成芡要紧,色泽干净明亮。

【实训组织】

1. 老师演示(操作示范:肉丝扒郊菜)。

2. 学生实训(肉丝扒郊菜,2 人一组)。

3. 老师点评(小结,评分)。

【实训准备】

1. 实训工具:

炒锅及配套工具、刀具、砧板、长碟、筷子。

2. 实训材料(每组):

原料:里脊肉 200 克、菜心 500 克。

调料:精盐 7 克、味精 4 克、白糖 3 克、淀粉 20 克、食用油 25 克、胡椒粉 3 克、麻油 2 克、绍酒 10 克。

【作业与思考】

1. 肉丝、郊菜的加工规格是多少?

2. 料扒的菜式如何选择芡色?

3. 料扒的特点是什么?

学生实训评价表　　　　　　年　　月　　日

班别		姓名		学号	
实训项目		肉丝扒郊菜	老师评语		
评价内容	配分	实际得分			
刀工、造型	40				
色泽、芡头	30				
质感、味道	20				
卫生、洁度	10		老师签名：		
总分					

肉丝扒郊菜

【实训项目4】

鲜虾琼山豆腐

【实训目的】

1.熟悉料扒的工艺流程和特点。

2.掌握蒸制琼山豆腐操作要领。

3.掌握鲜虾琼山豆腐的制作过程和成品要求。

【技术理论与原理】

1.两种或两种以上的原料分别烹熟后,以分层次的造型装碟而成一道热菜的烹调法称为扒。扒菜由底菜和面菜两部分组成。底菜与面菜分别烹制,然后再组合在一起。按面菜的属性分,扒菜分为料扒法和汁扒法两种。

2.琼山,海南省地名(现为海口市琼山区),"琼山豆腐"并非是豆制品,而是以鸡蛋清蒸

制,状如豆腐脑,洁白嫩滑,配上鲜虾,味极鲜美,因最早出自琼山厨师之手而得名,是海南传统名菜。鲜虾琼山豆腐的做法是蒸好了琼山豆腐以后,将鲜虾仁泡油调味勾芡,铺盖在琼山豆腐上而成的一道热菜。

3.料扒法是各种原料(多为肉料)经适当烹调后摆砌在底菜之上的烹调方法。这类菜式为了让面菜摆放得体,均要求芡汁略紧于汁扒。"鲜虾琼山豆腐"属于肉料扒,由于肉料扒的芡宜紧,所以"鲜虾琼山豆腐"的芡要紧且油亮。

4.鲜虾琼山豆腐的成品要求是:虾仁色泽洁白,口感爽滑,芡量恰当,色泽明亮;豆腐凝固适度,味道鲜美可口。

【实训方法】

1.烹调方法:扒法——料扒。

2.工艺流程:打蛋清→调味→蒸制→鲜虾泡油→调味勾芡→扒制→成品。

3.操作过程与方法:

(1)用筷子轻轻把蛋清搅打起泡,稍静置去掉泡沫,按照四成蛋清与六成上汤的比例加入上汤、精盐和味精拌均匀,慢火蒸熟即成琼山豆腐。

(2)猛火烧锅下油,将虾仁泡油至仅熟,倒在笊篱里。

(3)顺锅加入上汤、虾仁,调味勾芡,加包尾油后,平铺在琼山豆腐上即成。

4.操作要领:

(1)制琼山豆腐的蛋清和上汤比例要恰当。

(2)蒸制琼山豆腐要使用慢火,注意掌握熟度。

(3)勾芡要适宜,以铺在豆腐上约三分之二的面积为准。

(4)锅要干净,成芡整洁明亮。

【实训组织】

1.老师演示(操作示范:鲜虾琼山豆腐)。

2.学生实训(鲜虾琼山豆腐,2人一组)。

3.老师点评(小结,评分)。

【实训准备】

1.实训工具:

炒锅及配套工具、刀具长碟、筷子。

2.实训材料(每组):

原料:腌虾仁150克、蛋清200克、上汤400克。

调料:精盐5克、味精10克、麻油1.5克、淀粉15克、食用油500克。

【作业与思考】

1.蒸制琼山豆腐有何关键技术?

2.制作琼山豆腐还可以选用哪些肉料?

鲜虾琼山豆腐

十、扣法菜式

扣,两种以上经刀工切改和调味处理后的生料或半制成品,用手工排砌在扣碗内造型,蒸熟后反扣在盛器上以原汁打芡或淋汤的烹调方法。扣的菜肴原料互相贴合在一起,经过蒸汽的高温加热和汤汁的作用,使原料间滋味互相渗透,呈现复合的美味。在造型上呈圆包形,原料排列有序,色彩相间,鲜明悦目。

【实训项目1】

荔浦扣肉

【实训目的】

1.了解烹调法扣的技术原理和应用。
2.掌握红扣的工艺流程和特点。
3.掌握荔浦扣肉的制作过程和成品要求。

【技术理论与原理】

1.扣的烹调方法根据烹制过程中原料是否调色或着色,分为红扣和白扣两种。荔浦扣肉属于红扣,荔浦是指芋头。做法是将五花肉煮熟后炸至上色,把芋头炸干香,然后排夹在一起加入味汁蒸软熟后原汁打芡成菜。

2．荔浦扣肉的成品要求是：圆包造型，整齐美观；芋头香味与猪肉香味相互渗透；猪肉肥而不腻，口感黏滑；芋头粉糯软滑，肉香味浓；有八角和南乳的风味。

【实训方法】

1．烹调方法：扣法——红扣。

2．工艺流程：煲、炸五花肉→炸芋头→调味→摆砌→蒸制→勾芡→成菜。

3．操作过程与方法：

（1）把五花肉煲至七成熟，取起，抹干表面的油脂和水分，趁热抹上老抽，然后均匀地在猪皮上扎些针孔，放进热油中炸至表皮呈大红色。

（2）芋头去皮，切成6厘米×3厘米×1厘米的长方块，也放在热油中炸至干透、微带焦黄。

（3）把五花肉切成与芋头大小相近的长方块。

（4）在锅内爆香蒜蓉，加入猪肉块、精盐、味精、白糖、南乳、八角、绍酒拌匀后，将猪肉块与芋头块相间摆砌在扣碗内，填满，最后加入味汁和汤水。

（5）用中火将扣肉蒸至熟，取出，滗出原汁，然后覆盖于碟上，取起扣碗。

（6）把炒好的生菜胆围在扣肉周围，用原汁加二汤、老抽调味后勾芡，淋在扣肉上即可。

4．操作要领：

（1）煲猪肉时要掌握好熟度。

（2）猪皮涂上老抽后要扎针孔，以免爆油。

（3）芋头要炸透才香。

（4）芋头和五花肉的刀工规格要一致。

（5）两种原料排夹造型要紧密整齐，猪皮向上。

【实训组织】

1．老师演示（操作示范：荔浦扣肉）。

2．学生实训（荔浦扣肉，2人一组）。

3．老师点评（小结，评分）。

【实训准备】

1．实训工具：

刀具、砧板、炒锅及配套工具、扣碗、圆碟、筷子。

2．实训材料（每组）：

原料：带皮五花肉500克、芋头300克、生菜胆400克。

调料：精盐6克、味精3克、白糖15克、南乳50克、绍酒10克、生抽50克、老抽50克、淀粉25克、食用油750克。

料头：蒜蓉10克、八角末5克。

【作业与思考】

1．扣的烹调法有何特点？

2. 炸芋头的作用是什么?

3. 五花肉的处理要注意哪些方面?

荔浦扣肉

【实训项目 2】

生扣鸳鸯鸡

【实训目的】

1. 熟悉扣法的工艺特点。

2. 掌握白扣的操作要领。

3. 掌握生扣鸳鸯鸡的制作过程和成品要求。

【技术理论与原理】

1. 扣,两种以上经刀工切改和调味处理后的生料或半制成品,用手工排砌在扣碗内造型,蒸熟后反扣在盛器上以原汁打芡或淋汤的烹调方法。扣的烹调方法根据烹制过程中原料是否调色或着色,分为红扣和白扣两种。

2. 生扣鸳鸯鸡属于白扣。做法是将鸡肉加味料拌匀后与火腿片、冬菇件间隔排夹在扣碗蒸熟,再填入蒸熟的鸡骨反扣在碟上,用原汁打芡淋上成菜。

3. 生扣鸳鸯鸡的成品要求是:圆包造型,整齐美观;原料排列有序,色彩相间,鲜明悦目;鸡肉软滑鲜嫩,滋味清香。

【实训方法】

1. 烹调方法:扣法——白扣。

2.工艺流程:切改原料→腌鸡肉→摆砌→蒸制→合成造型→勾芡→成菜。

3.操作过程与方法:

(1)将光鸡起肉,改切为长5厘米、宽2厘米、厚0.5厘米的日字形片,用姜汁酒、味精2克、精盐3克、干生粉10克拌匀后,再用生油10克拌匀。将火腿切成1厘米厚的日字形片,冬菇改成件。

(2)将一件完整的冬菇面朝下放在扣碗底部,把鸡肉、火腿片、菇件三种材料间隔循环排砌成鱼鳞形状,直至扣满为止。

(3)把鸡骨(四柱骨除外)斩件,用精盐、味精、绍酒、猪油拌匀后放在碟上。

(4)将鸡肉和鸡骨同时放入笼蒸熟,取出,把鸡骨夹放在扣好的鸡肉上面,覆转于碟上,原汁倒出待用,把扣碗取起。

(5)把炒好的菜远围在鸡肉周围,用原汁加上汤、盐、味精、麻油、湿粉、包尾油,勾成稀清芡,淋在鸡上即可。

4.操作要领:

(1)各种原料的刀工规格要合适。

(2)鸡肉要下味料腌制。

(3)造型手法细致,原料排列有序,色彩相间。

(4)芡汁要清澈明净。

【实训组织】

1.老师演示(操作示范:生扣鸳鸯鸡)。

2.学生实训(生扣鸳鸯鸡,2人一组)。

3.老师点评(小结,评分)。

【实训准备】

1.实训工具:

刀具、砧板、炒锅及配套工具、扣碗、圆碟、筷子。

2.实训材料(每组):

原料:光鸡一只约600克、熟火腿50克、发好北菇50克。

调料:精盐5克、味精6克、姜汁酒15克、生粉20克、麻油1克、生粉20克、生油50克。

【作业与思考】

1.生扣鸳鸯鸡的鸡肉如何处理?

2.生扣鸳鸯鸡的菜肴风味特点是什么?

3.白扣还有哪些菜式品种?

学生实训评价表　　　　　　年　　月　　日

班别		姓名		学号	
实训项目	生扣鸳鸯鸡		老师评语		
评价内容	配分	实际得分			
刀工、造型	30				
火候、质感	30				
芡色、味道	30				
卫生、洁度	10				
总分			老师签名：		

生扣鸳鸯鸡

十一、浸法菜式

浸是指把整件或大件的肉料浸没在热的液体中,令其慢慢受热至熟,装碟后经调味而成一道菜的烹调方法。浸制的菜式由于较大程度保持了原料内部的水分,因此具有肉质嫩滑、原味十足、清鲜味美的特点。根据浸制所用传热媒介的不同,浸法又分为水浸法、汤浸法和油浸法三种。

【实训项目1】

五柳浸鲩鱼

【实训目的】

1.了解烹调法浸的技术原理和应用。

2.掌握水浸法的基本方法和火候技术。

3.掌握五柳浸鲩鱼的制作过程和成品要求。

【技术理论与原理】

1.水浸法是将肉料放在微沸的水中,让生料慢慢吸热至熟的方法。水浸法一般适用于鱼类原料,成品肉质嫩滑。

2."五柳浸鲩鱼"属于水浸,做法是在鱼体抹精盐,然后把鱼放在沸水中浸泡,浸泡时熄火让鱼慢慢受热至熟,再把五柳料调味勾芡淋在鱼体表面。

3.五柳浸鲩鱼的成品要求是:鱼身完整,鱼肉洁白,口感嫩滑,鱼味鲜美,甜酸可口,芡色红亮,芡量适当。

【实训方法】

1.烹调方法:浸法——水浸。

2.工艺流程:鲩鱼表面抹盐→把水烧开→把鲩鱼放进沸水中→熄火浸熟→取出鲩鱼装碟→调味→成品。

3.操作过程与方法:

(1)将鲩鱼表面用精盐涂抹均匀,五柳料切成丝。

(2)将锅内水烧开,把鱼放入锅,加盖,水重新沸腾起来时熄火,浸制至熟。

(3)把鱼捞出,放入碟,撒上胡椒粉、葱丝,淋上热油。

(4)锅里下蒜蓉、青红辣椒丝、五柳丝、糖醋,用淀粉勾芡,淋在鱼体上即成。

4.操作要领:

(1)鱼要用盐涂抹产生内味。

(2)浸鱼的水量要足够,保证浸过鱼面。

(3)浸时要加盖,减慢散热。

(4)发现未熟时,可升高水温再浸。

(5)成芡匀滑鲜明,芡量适度。

【实训组织】

1.老师演示(操作示范:五柳浸鲩鱼)。

2.学生实训(五柳浸鲩鱼,2人一组)。

3.老师点评(小结,评分)。

【实训准备】

1.实训工具:

刀具、砧板、炒锅及配套工具、长鱼碟、筷子。

2.实训材料(每组):

原料:鲩鱼1条、五柳料50克。

调料:精盐 5 克、淀粉 10 克、食用油 50 克、胡椒粉 5 克、糖醋 50 克、青红辣椒 50 克、姜 10 克、葱 10 克、蒜头 10 克。

料头:青红椒丝 10 克、葱丝 10 克、蒜蓉 10 克。

【作业与思考】

1. 试分析烹调法"浸"的加热原理。

2. 如何判断浸鲩鱼是否成熟?

3. 浸的烹调法有何特点?

学生实训评价表　　　　　　　　　年　　月　　日

班别		姓名		学号	
实训项目	五柳浸鲩鱼		老师评语		
评价内容	配分	实际得分			
火候、熟度	40				
色泽、芡汁	30				
质感、味道	20				
卫生、洁度	10		老师签名:		
总分					

五柳浸鲩鱼

【实训项目2】

白切鸡

【实训目的】

1. 掌握浸的技术原理。

2. 了解汤浸法的基本方法和技术要领。

3. 掌握白切鸡的制作过程和成品要求。

【技术理论与原理】

1. 浸是指把整件或大件的肉料浸没在热的液体中,令其慢慢受热至熟,装碟后经调味而成一道菜的烹调方法。浸制的菜式由于较大程度保持了原料内部的水分,因此具有肉质嫩滑、原味十足、清鲜味美的特点。根据浸制所用传热媒介的不同,浸法又分为水浸法、汤浸法和油浸法三种。

2. 汤浸法是将肉料放在微沸的汤水中慢火加热至熟,跟佐料调味的烹调方法。汤浸法一般适用于鸡、鸽原料。由于汤水具有鲜香味,所浸原料在保持原味的基础上,进一步吸收汤水的鲜味,使成品更加清鲜嫩滑,并带有汤水的鲜香味。

3. "白切鸡"属于汤浸,做法是把鸡浸泡在鲜汤中,慢火将鸡浸泡成熟,捞起后立刻过冷汤,然后斩件上碟摆回鸡形,跟佐料姜蓉成菜。白切鸡过冷汤的作用是让鸡皮收缩紧密,从而产生皮爽肉滑的口感。用熟的姜蓉加葱白丝做佐料,既能消除鸡的肉腥味,又能衬托出白切鸡清香肉鲜的本质风味。

4. 白切鸡的成品要求是:鸡皮金黄油亮,肉色洁白,皮爽脆,肉嫩滑有汁,斩件均匀,摆砌形状美观。

【实训方法】

1. 烹调方法:浸法——汤浸。

2. 工艺流程:整理光鸡→烧沸鲜汤→浸鸡→取起熟鸡→过冷→斩件→摆回鸡形→跟佐料→成品。

3. 操作过程与方法:

(1)整鸡挖去鸡肺,除净幼毛、黄衣,洗净沥干水分。

(2)将鲜汤烧沸,手持鸡颈,将鸡放进汤内,待鸡腔灌满汤水后,把鸡提起,让汤水流回汤桶内,反复几次以保持腔内外水温一致。

(3)将鸡全部浸泡在汤水中,待汤微沸后加盖,熄火浸约20分钟至熟。

(4)将鸡取出后,即刻放入冷汤中过冷。

(5)抹干鸡身水分,涂上花生油,斩件,摆砌回鸡形。

(6)把姜蓉、葱丝混合放入碗内,淋上热油,下精盐、味精、麻油制成佐料跟上即成。

4. 操作要领:

(1)鸡要挖肺洗净。

(2)浸时先要将鸡放入沸汤中反复提起几次。

(3)浸鸡过程须保持温度在95℃。

(4)鸡浸熟取出后必须马上放入冷汤过冷。

(5)斩鸡刀工整齐均匀,摆放层次分明,形状美观。

【实训组织】

1. 老师演示(操作示范:白切鸡)。
2. 学生实训(白切鸡,2人一组)。
3. 老师点评(小结,评分)。

【实训准备】

1. 实训工具:

刀具、砧板、炒锅及配套工具、汤桶、铁钩、长碟、筷子。

2. 实训材料(每组):

原料:光鸡颈1只约750克、鲜汤1500克、冷汤1500克。

调料:姜蓉50克、葱丝50克、精盐5克、味精5克、麻油2克、花生油50克。

【作业与思考】

1. 为何浸白切鸡和过冷都要用鲜汤?
2. 白切鸡过冷的原理是什么?
3. 白切鸡有何风味特点?

学生实训评价表　　　　　　年　月　日

班别			姓名		学号	
实训项目	白切鸡			老师评语		
评价内容	配分	实际得分				
火候、熟度	40					
刀工、造型	30					
质感、味道	20					
卫生、洁度	10			老师签名:		
总分						

白切鸡

【实训项目3】

油浸生鱼

【实训目的】

1. 熟悉浸的方法原理。

2. 掌握油浸的工艺过程和技术要领。

3. 掌握油浸生鱼的制作过程和成品要求。

【技术理论与原理】

1. 浸是指把整件或大件的肉料浸没在热的液体中,令其慢慢受热至熟,装碟后经调味而成一道热菜的烹调方法。根据浸制所用传热媒介的不同,浸法又分为水浸法、汤浸法和油浸法三种。

2. 油浸法是将腌制后的肉料,放在油中慢火加热至仅熟,淋上味汁的烹调方法。油浸法一般适用于鱼类,成品香而嫩滑,原味十足。

3. 油浸生鱼是将宰净的生鱼经过腌制,放在150摄氏度的油中,熄火浸制至熟,取出后摆放在碟上,淋热油和蒸鱼豉油而成的菜式。

4. 油浸生鱼的成品要求是:鱼身完整,鱼肉洁白,油香嫩滑,豉油味鲜,汁量恰当。

【实训方法】

1. 烹调方法:浸法——油浸。

2. 工艺流程:腌制生鱼→烧油→放入生鱼→熄火浸制→熟后调味→成品。

3. 操作过程与方法:

(1) 将杀好的生鱼洗净,沥干水分,用姜汁酒、生抽腌制10分钟。

(2) 将油烧至150摄氏度,提起鱼尾沥干水后放进锅内,熄火浸制约5分钟至熟,取出上碟。

(3) 在鱼面撒上胡椒粉、葱丝,烧热油淋上,再淋入蒸鱼豉油即成。

4. 操作要领:

(1) 生鱼要先腌制。

(2) 鱼放入油浸之前要沥干水分。

(3) 浸鱼的油温不能太高。

(4) 蒸鱼豉油要专门调制。

【实训组织】

1. 老师演示(操作示范:油浸生鱼)。

2. 学生实训(油浸生鱼,2人一组)。

3. 老师点评(小结,评分)。

【实训准备】

1.实训工具：

刀具、砧板、炒锅及配套工具、长鱼碟、筷子。

2.实训材料(每组)：

原料:生鱼1条约500克。

调料:精盐6克、味精3克、白糖2克、淀粉10克、食用油500克、胡椒粉5克、麻油2克、生抽5克、蒸鱼酱油10克、葱15克。

料头:葱丝5克。

【作业与思考】

1.油浸生鱼和五柳浸鲩鱼在制作和风味上有何区别?

2.油浸和油泡的烹调方法有何区别?

油浸生鱼

十二、烩法菜式

烩，又称为烩羹，是将主、副料经过初步熟处理后放进鲜汤中加热调味，待汤微沸时调入芡粉和匀制成汤菜的烹调方法。烩选用的原料不带骨，质地细嫩，形状较细。烩是汤菜之中唯一需加入芡粉勾芡的，称之为羹。因此，汤鲜香而柔滑是羹与各类汤菜相区别的特色。

【实训项目1】

西湖牛肉羹

【实训目的】

1.了解烹调法烩的技术原理。

2.掌握烩羹的工艺流程和操作要领。

3.掌握西湖牛肉羹的制作过程和成品要求。

【技术理论与原理】

1.烩的主、副料须进行初步熟处理,使肉料仅熟,并去异味。肉料选用何种加工方法处理视具体情况而定,常用的方法为泡油和飞水。辅料如菇料、笋料、干货要用滚煨方法处理,其余则视实际情况处理。

2.调芡是烩羹成败的关键。烩羹调芡是对较多的汤量进行的,要求成芡较稀且匀滑,因此,必须掌握好调芡的时机。这个时机就是在汤水微沸的时候。当汤水微沸时调入芡粉并迅速推匀,芡粉在汤水中完全分散后立即糊化,这样就能做到成芡匀滑,且容易掌握芡的稀稠。若过早调芡,汤水温度不足以使芡粉糊化,则难以掌握稀稠。若在汤水沸腾时调芡,芡粉未被推匀分散便会糊化结团,成芡则不匀滑。

3.根据羹汤是否调色,烹调法烩又分成白烩和红烩。另外,羹汤的浓度可以根据气候温度来作适当的变化,以适应口味的需求,具体是夏秋炎热时宜稍稀,冬春天寒时宜偏稠。

4.西湖牛肉羹属于白烩,成品要求是:羹质柔滑,稀稠合度,味道鲜甜,牛肉嫩滑,蛋液均匀融合在羹中不显蛋花。

【实训方法】

1.烹调方法:烩法。

2.工艺流程:牛肉腌制→剁粒→飞水→烧锅→入汤→投料→推芡→上窝→成品。

3.操作过程与方法:

(1)将腌好的牛肉剁成粗粒。

(2)牛肉粒飞水后,沥去水备用。

(3)烧热炒锅,加入生油,溅绍酒,加上汤和调味料,下牛肉。

(4)待汤微滚时下芡粉推匀,避火将蛋清和匀在羹内。

(5)加包尾油,上窝,把碎香菜撒在羹面即可。

4.操作要领:

(1)掌握好羹料与汤水的比例,一般以1:2.5～3为宜。

(2)牛肉不要剁得太烂。

(3)应使用鲜汤作为汤底。

(4)要离火后再推入蛋清。

【实训组织】

1.老师演示(操作示范:西湖牛肉羹)。

2.学生实训(西湖牛肉羹,2人一组)。

3.老师点评(小结,评分)。

【实训准备】

1.实训工具:

刀具、砧板、炒锅及配套工具、汤窝、调匙。

2.实训材料(每组):

原料:腌好牛肉100克、鸡蛋2个。

调料:精盐、味精、白糖、绍酒、胡椒粉、麻油、生粉、食用油。

料头:香菜。

【作业与思考】

1.烩羹有何特点?

2.为何要在汤微沸时推芡?

3.如何才能让蛋液不呈蛋花状?

<table>
<tr><td colspan="3" style="text-align:center">学生实训评价表</td><td>年　月　日</td></tr>
</table>

班别		姓名		学号	
实训项目	西湖牛肉羹		老师评语		
评价内容	配分	实际得分			
勾芡质量	40				
羹料、质感	30				
色泽、味道	20				
卫生、洁度	10		老师签名:		
总分	100				

西湖牛肉羹

【实训项目2】▋▋▋

蝴蝶海参羹

【实训目的】

1. 掌握烩羹的工艺流程和技术要领。
2. 掌握蝴蝶海参羹的制作过程和成品要求。

【技术理论与原理】

1. 烩,又称为烩羹,是将主、副料经过初步熟处理后放进鲜汤中加热调味,待汤微沸时调入芡粉和匀制成汤菜的烹调方法。烩选用的原料不带骨,质地细嫩,形状较细。烩是汤菜之中唯一需加入芡粉勾芡的,称之为羹。

2. 根据羹汤是否调色,烹调法烩又分成白烩和红烩。另外,羹汤的浓度可以根据气候温度来作适当的变化,以适应口味的需求,具体是夏秋炎热时宜稍稀,冬春天寒时宜偏稠。

3. 调芡是烩羹成败的关键。烩羹调芡是对较多的汤量进行的,要求成芡较稀且匀滑,因此,必须掌握好调芡的时机。这个时机就是在汤水微沸的时候。当汤水微沸时调入芡粉并迅速推匀,芡粉在汤水中完全分散后立即糊化,这样就能做到成芡匀滑,且容易掌握芡的稀稠。

4. 蝴蝶海参羹属于红烩,成品要求是:羹质柔滑,稀稠合度,海参软滑无异味,汤色浅红,味道浓鲜,口感丰富。

【实训方法】

1. 烹调方法:烩法。

2. 工艺流程:切海参→改切辅料→处理主辅料→烧锅→入汤→投料→推芡→上窝→成品。

3. 操作过程与方法:

(1) 将海参改切成厚片形,叉烧、鸭肾、湿菇各切成指甲片形,笋肉、丝瓜改为蝴蝶形片。

(2) 将笋花、菇片、肾片、丝瓜滚过,倒起沥干。

(3) 将海参用沸水滚约2分钟,倒在疏壳里。

(4) 烧锅下油,放入姜葱爆透,溅绍酒,加二汤、盐、海参煨透,倒在疏壳里,滤干水分,去掉姜葱。

(5) 烧热炒锅,加入生油,溅绍酒,加上汤和调味料,下海参、叉烧片、笋花、菇片、肾片、丝瓜,待汤微滚时加老抽、下芡粉推匀,加包尾油上窝即可。

4. 操作要领:

(1) 掌握好羹料与汤水的比例,一般以 1:2.5~3 为宜。

(2) 海参要滚煨透,无灰味。

(3) 应使用鲜汤作为汤底。

（4）汤色为浅红,不可过深。

【实训组织】

1. 老师演示(操作示范:蝴蝶海参羹)。
2. 学生实训(蝴蝶海参羹,2 人一组)。
3. 老师点评(小结,评分)。

【实训准备】

1. 实训工具:

刀具、砧板、炒锅及配套工具、汤窝、调匙。

2. 实训材料(每组):

原料:发好海参 200 克、笋肉 100 克、瘦叉烧 50 克、鸭肾 100 克、湿冬菇 20 克、丝瓜 100 克、上汤 1500 克、二汤 1000 克。

调料:生粉、精盐 10 克、味精 10 克、绍酒 10 克、老抽 10 克、胡椒粉 0.5 克、麻油 1 克、生油 75 克。

煨料:姜件 2 件、葱条 2 条。

【作业与思考】

1. 如何滚煨海参?
2. 为何汤羹浓度可以根据气候来变化?
3. 蝴蝶海参羹的成品要求是什么?

蝴蝶海参羹

十三、滚法菜式

滚,是指将生料放在适量滚沸的汤水中,经加热和调味制成汤菜的烹调方法。滚法在实际当中比较常用,它操作简便,是原料与汤水并重的一种菜肴制作方法。根据对原料加工的区别,滚法分为清滚法和煎滚法。

【实训项目1】

菜远肉片汤

【实训目的】

1. 了解烹调法滚的技术原理。

2. 掌握清滚的工艺流程和操作要领。

3. 掌握菜远肉片汤的制作过程和成品要求。

【技术理论与原理】

1. 清滚法是将生料放在沸汤中速滚成汤的方法。清滚法选料范围较广,各种禽畜肉类、植物原料和加工制品均可作为主辅料,烹制时间较短,成品汤色较清、味鲜、肉料嫩滑。

2. 菜远肉片汤属于清滚法,做法是先将菜心剪成菜远,把瘦肉切好用味料和湿粉拌匀,把鲜汤放入锅内烧开后,加入肉片、菜远,调味,烧沸后倒入窝内即可成汤菜。

3. 菜远肉片汤的成品要求是:汤色清澈无浮油,肉片嫩滑,菜远翠绿,汤味清鲜。

【实训方法】

1. 烹调方法:滚法——清滚。

2. 工艺流程:剪菜远→猪肉切片→拌生粉→烧锅加汤→放入原料→调味→成品。

3. 操作过程与方法:

(1) 将菜心剪成菜远,洗净。

(2) 瘦肉切成薄片,下少许盐和味精拌匀,加入湿粉拌匀。

(3) 烧热炒锅,加入生油,溅绍酒,加入二汤烧至沸。

(4) 放入肉片、菜远、姜片、鲜菇片,调入精盐、味精,待沸至熟即倒入汤窝即可。

4. 操作要领:

(1) 原料不可滚太久,仅熟即可。

(2) 注意撇清泡沫,浮油不能太多。

(3) 最好使用鲜汤作为汤底。

(4) 根据原料的受火程度,灵活调节投料顺序及时间。

【实训组织】

1. 老师演示(操作示范:菜远肉片汤)。

2. 学生实训(菜远肉片汤,2 人一组)。

3. 老师点评(小结,评分)。

【实训准备】

1. 实训工具:

刀具、砧板、炒锅及配套工具、汤窝、汤匙。

2. 实训材料(每组):

原料:瘦肉 70 克、生菜 150 克。

调料:精盐、味精、白糖、绍酒、胡椒粉、麻油、食用油。

料头:指甲姜片、鲜菇片。

【作业与思考】

1. 滚汤为何要等汤沸才下肉料?

2. 清滚菜式如何做到汤清?

3. 滚和烩有何区别?

菜远肉片汤

【实训项目2】

鱼头豆腐汤

【实训目的】

1. 熟悉烹调法滚的工艺流程。

2. 掌握煎滚的操作要领。

3. 掌握鱼头豆腐汤的制作过程和成品要求。

【技术理论与原理】

1. 滚,是指将生料放在适量滚沸的汤水中,经加热和调味制成汤菜的烹调方法。滚法在实际当中比较常用,它操作简便,是原料与汤水并重的一种菜肴制作方法。根据对原料加工的区别,滚法分为清滚法和煎滚法。

2. 煎滚法是将鱼类原料煎透后,烹酒,下汤水,用猛火滚至奶白色,加入配料,经调味制成汤菜的方法。煎滚法制成的汤菜汤色奶白,滋味香浓鲜美。煎滚要使汤色奶白,就要做到把鱼煎透,加足汤水猛火滚制,滚时需要加盖。

3. 鱼头豆腐汤属于煎滚,成品要求是:汤色奶白,芳香浓郁,味道鲜甜,汤量合适。

【实训方法】

1. 烹调方法:滚法——煎滚。

2. 工艺流程:煎鱼头→烹酒→下汤→投副料→加调味品→滚制→成品。

3. 操作过程与方法:

(1)将大鱼头斩成件。

(2)中火烧锅下油,放入鱼头、姜片煎透,烹料酒,放入烧沸的二汤,下豆腐、精盐加盖,用猛火滚至汤色乳白。

(3)汤浓时,加入生菜胆,调入味精、胡椒粉,撇去汤面泡沫,盛在汤窝里即成。

4. 操作要领:

(1)鱼头要煎透至金黄焦香。

(2)要加入沸水来滚,水量要放足,中途不可加水。

(3)猛火滚制,汤要加盖。

(4)汤水与鱼料的比例要恰当。

【实训组织】

1. 老师演示(操作示范:鱼头豆腐汤)。

2. 学生实训(鱼头豆腐汤,2人一组)。

3. 老师点评(小结,评分)。

【实训准备】

1. 实训工具：

刀具、砧板、炒锅及配套工具、汤窝、汤匙。

2. 实训材料（每组）：

原料：鱼头 200 克，豆腐 2 块。

调料：精盐、味精、白糖、绍酒、胡椒粉、麻油、食用油。

料头：姜片、芫荽段。

【作业与思考】

1. 滚鱼汤如何做到奶白？

2. 煎滚和清滚有何区别？

3. 煎滚有何风味特点？

学生实训评价表　　　　年　月　日

班别		姓名		学号	
实训项目		鱼头豆腐汤	老师评语		
评价内容	配分	实际得分			
汤色、火候	40				
香气、味道	30				
汤料、质感	20				
卫生、洁度	10				
总分	100		老师签名：		

鱼头豆腐汤

十四、煲法菜式

煲是指煲汤,是将原料和清水放进瓦汤锅内,加盖用中慢火长时间加热,经过调味,制成汤水香浓、味道鲜美、汤料软烂的汤菜的烹调方法。煲是用来制作以汤为主、汤料为辅的汤菜,它的特点是:通过长时间的加温过程,让主料和辅料的滋味,融集在汤水之中,使汤芳香、滋润而味鲜。

【实训项目1】

西洋菜蜜枣煲生鱼

【实训目的】

1. 了解烹调法煲的技术原理。
2. 掌握清煲的工艺方法和操作要领。
3. 掌握西洋菜蜜枣煲生鱼的制作过程和成品要求。

【技术理论与原理】

1. 煲汤的主要过程是:把原料洗净,先进行飞水或炒爆、煎等处理,然后连同比所需汤量大一倍的清水一齐放入煲内,用猛火烧沸,撇去泡沫后再改用慢火直煲两个小时以上,使部分水分蒸发,浓缩成汤水鲜美的菜肴。

2. 根据季节的变化,煲汤一般分为清煲和浓煲两种。夏秋两季适用于清煲,汤水清润、鲜而不腻;冬春两季适用于浓煲,汤水可偏于香浓、质稠。

3. 煲汤一般使用瓦煲为佳,也可以用其他材料器皿煲制,但成品风味不及瓦汤煲好。用于筵席上的煲汤,多数是汤水和汤码分开上席。

4. 西洋菜蜜枣煲生鱼属于清煲菜式,它的成品要求是:汤水柔润,芳香馥郁,滋味鲜甜,清凉微甘,汤料软滑。

【实训方法】

1. 烹调方法:煲法——清煲。
2. 工艺流程:煎生鱼→下汤锅→猛火烧开→撇去泡沫→中慢火煲制→调味→成品。
3. 操作过程与方法:
(1) 把杀好的生鱼洗净,沥干水。
(2) 猛火烧锅下油,将生鱼放在锅内煎至两面金黄色,烹入绍酒,加入沸水略滚。
(3) 将生鱼用竹笪夹好,转放在汤锅内,加入足量清水,放进陈皮、姜和蜜枣,猛火烧沸。
(4) 撇去汤面泡沫,下西洋菜,加盖,烧开后转中慢火煲制2小时至汤好。
(5) 上菜时调入精盐和味精,将原料捞起,西洋菜摆在碟底,生鱼排在面上,汤用窝另上。

4.操作要领:

（1）汤水量与汤料量比例合适。

（2）注意撇清泡沫,浮油不能太多。

（3）煲制火力不要太慢,否则不香。

（4）根据原料的受火程度,灵活调节投料顺序及时间。

【实训组织】

1.老师演示(操作示范:西洋菜蜜枣煲生鱼)。

2.学生实训(西洋菜蜜枣煲生鱼,8人一组)。

3.老师点评(小结,评分)。

【实训准备】

1.实训工具:

刀具、砧板、炒锅及配套工具、瓦汤锅、碟、汤窝。

2.实训材料(每组):

原料:生鱼1条(约750克)、西洋菜1200克、蜜枣50克、清水3000克。

调料:精盐、味精、绍酒、食用油。

料头:姜件、陈皮。

【作业与思考】

1.煲汤生鱼为何要先煎制?

2.生鱼为何要用竹笪夹住来煲?

3.煲汤和滚汤有何区别?

学生实训评价表　　　　　　年　月　日

班别		姓名		学号	
实训项目	西洋菜蜜枣煲生鱼		老师评语		
评价内容	配分	实际得分			
汤色、火候	40				
香气、味道	30				
汤料、质感	20				
卫生、洁度	10		老师签名:		
总分	100				

西洋菜蜜枣煲生鱼

【实训项目2】

莲藕章鱼煲猪手

【实训目的】

1. 掌握烹调法煲的技术原理。
2. 掌握浓煲的工艺方法和操作要领。
3. 掌握莲藕章鱼煲猪手的制作过程和成品要求。

【技术理论与原理】

1. 煲是指煲汤,是将原料和清水放进瓦汤锅内,加盖用中慢火长时间加热,经过调味,制成汤水香浓、味道鲜美、汤料软烂的汤菜的烹调方法。

2. 煲汤的主要过程是:把原料洗净,先进行飞水或炒爆、煎等处理,然后连同比所需汤量大一倍的清水一齐放入煲内,用猛火烧沸,撇去泡沫后再改用慢火直煲两个小时以上,使部分水分蒸发,浓缩成汤水鲜美的菜肴。

3. 根据季节的变化,煲汤一般分为清煲和浓煲两种。夏秋两季适用于清煲,汤水清润、鲜而不腻;冬春两季适用于浓煲,汤水可偏于香浓、质稠。

4. 莲藕章鱼煲猪手属于浓煲菜式,它的成品要求是:汤水醇厚,滋味鲜香,肉味浓郁,猪手烬滑,莲藕粉糯。

【实训方法】

1. 烹调方法:煲法——浓煲。

2. 工艺流程:猪手飞水→原料下锅→猛火烧开→中慢火煲制→调味→成品。

3. 操作过程与方法:

(1) 将猪手烧刮干净,开边斩件,用沸水滚过。

(2) 莲藕内外刮洗干净,切成段,用刀拍裂。

(3) 把猪手、莲藕、章鱼、绿豆和清水放入瓦汤锅,用猛火将汤水烧开。

(4) 撇去汤面泡沫,加盖,转中慢火煲制2小时至汤好。

(5) 上菜时撇去汤面浮油,调入精盐和味精,汤用窝上,捞起莲藕摆在碟上,猪手摆在莲藕上面,跟豉油味碟即可。

4. 操作要领:

(1) 汤水量与汤料量比例合适。

(2) 猪手要先飞水。

(3) 煲制火力不要太慢,否则不香。

(4) 上菜前汤才调味。

【实训组织】

1. 老师演示(操作示范:莲藕章鱼煲猪手)。

2. 学生实训(莲藕章鱼煲猪手,8人一组)。

3. 老师点评(小结,评分)。

【实训准备】

1. 实训工具:

刀具、砧板、炒锅及配套工具、瓦汤锅、碟、汤窝。

2. 实训材料(每组):

原料:猪手750克、莲藕750、章鱼50克、绿豆30克、清水3000克。

调料:精盐、味精。

【作业与思考】

1. 为何要在汤滚后撇泡沫?

2. 煲汤的火候为何不能太慢?

3. 清煲和浓煲有何区别?

莲藕章鱼煲猪手

【实训项目3】

冬瓜薏米煲鸭

【实训目的】

1. 熟悉清煲的工艺方法和操作要领。
2. 掌握冬瓜薏米煲鸭的制作过程和成品要求。

【技术理论与原理】

1. 煲是指煲汤,是将原料和清水放进瓦汤锅内,加盖用中慢火长时间加热,经过调味,制成汤水香浓、味道鲜美、汤料软烂的汤菜的烹调方法。煲用来制作以汤为主、汤料为辅的汤菜,它的特点是:通过长时间的加温过程,让主料和辅料的滋味,融集在汤水之中,使汤芳香、滋润而味鲜。

2. 煲汤的主要过程是:把原料洗净,先进行飞水或炒爆,或煎等处理,然后连同比所需汤量大一倍的清水一齐放入煲内,用猛火烧沸,撇去泡沫后再改用慢火直煲两个小时以上,使部分水分蒸发,浓缩成汤水鲜美的菜肴。

3. 煲汤一般使用瓦煲为佳,也可以用其他材料器皿煲制,但成品风味不及瓦汤煲好。根据季节的变化,煲汤一般分为清煲和浓煲两种。

4. 冬瓜薏米煲鸭属于清煲菜式,它的成品要求是:汤水清润,气味芳香,滋味清鲜,汤料软滑。

【实训方法】

1. 烹调方法:煲法——清煲。
2. 工艺流程:煎鸭→下汤锅→猛火烧开→撇去泡沫→中慢火煲制→调味→成品。
3. 操作过程与方法:

(1)把光鸭洗净,晾干水分;冬瓜改切成连皮的大块。

(2)猛火烧锅下油,将光鸭放在锅内,溅姜汁酒略煎匀,取起。

（3）将冬瓜、薏米、陈皮放在瓦汤锅内,加入清水,先用猛火烧沸,再放入鸭子。

（4）汤滚后撇去汤面泡沫,加盖,转中慢火煲制 2 小时至汤好。

（5）上菜时调入精盐和味精,将汤料捞起,冬瓜摆在碟底,鸭子斩件摆在瓜上,汤用窝另上。

4.操作要领:

（1）冬瓜要连皮煲。

（2）光鸭要先略煎。

（3）煲制火力不要太慢,否则不香。

（4）冬瓜会出水,下水分量可以适当减少。

【实训组织】

1.老师演示（操作示范:冬瓜薏米煲鸭）。

2.学生实训（冬瓜薏米煲鸭,2 人一组）。

3.老师点评（小结,评分）。

【实训准备】

1.实训工具:

刀具、砧板、炒锅及配套工具、瓦汤锅、碟、汤窝。

2.实训材料（每组）:

原料:光鸭 750 克、净连皮冬瓜 1250 克、薏米 75 克、清水 3000 克。

调料:精盐、味精、姜汁酒、食用油。

料头:姜件、陈皮。

【作业与思考】

1.光鸭为何要先煎制?

2.冬瓜为何要连皮煲?

3.为什么煲汤用瓦煲比用其他材质的汤锅要好?

冬瓜薏米煲鸭

十五、炖法菜式

炖就是将原料放在炖盅内,加入汤水或沸水,加盖,用蒸汽长时间加热,调味后成为汤水清澈香浓、物料软熓的汤菜的烹调方法。炖制的成品一般称为炖品。

炖品一般配姜件、葱条、火腿大方粒、瘦肉大方粒为料头。姜件、葱条用于去除肉料的腥膻异味;火腿能增加炖品芳香味醇的口感,并能赋予炖品浅红温润的色泽;瘦肉可为炖品补充肉质鲜味。

按炖制时是合盅炖还是分盅炖,炖烹调法可分为原炖法和分炖法两种制法。

【实训项目1】

淮杞炖乳鸽

【实训目的】

1. 了解烹调法炖的技术原理。

2. 掌握原炖法的工艺方法和操作要领。

3. 掌握淮杞炖浮鸽的制作过程和成品要求。

【技术理论与原理】

1. 炖品是肉料和汤液都兼顾的菜肴,应根据原料的质地掌握好加热的时间和火候。炖品具有以下特点:

(1)汤清、味鲜、香醇、本味突出。

(2)原料质地软熓,形状完整,熓而不散。

(3)融集各种原料的精华,有滋补效果。

2. 炖的烹调法,一般是将生料放入沸水中飞水或煸爆,以除去血污、腥膻,用清水洗净后再放入瓷制或陶制的炖盅内,加入炖料、清水或汤水、味料、酒等原料,加盖密封放置在蒸柜中,用蒸汽长时间加热(一般在两小时以上),使盅内肉料熓滑、汤水醇清。

3. 原炖法:一个炖品的各种原料合于一盅炖制的方法称为原炖法,也可叫原盅炖。原炖法制作简便,能保持原料的原味和营养,但不易掌握汤水色泽的深浅,成品中肉料与配料串色、串味,造型稍差。

4. 淮杞炖乳鸽属于原炖,它的成品要求是:汤色淡红温润,气味芳香醇厚,汤水滋味鲜美,乳鸽柔软绵滑。

【实训方法】

1. 烹调方法:炖法——原炖。

2. 工艺流程:乳鸽飞水洗净→主副料下炖盅→烧汤调味→下汤→加盖炖制→调味→成品。

3. 操作过程与方法:

(1)用清水将淮山、杞子洗净,放入炖盅内。

(2)将乳鸽宰杀洗净,用刀敲断肩胛骨和小腿骨,放在沸水里滚5分钟,取出后去干净细毛和污物,放在炖盅里。

(3)把瘦肉粒飞水后连同火腿粒也放进盅内,烧锅下清水烧沸,加入精盐、味精、绍酒,倒进炖盅内。

(4)把姜件、葱条放在面上,加盖,放进蒸笼炖2小时至焾。

(5)上席时去掉姜、葱,撇去汤面油,用纱纸封盖后再炖10分钟即可。

4. 操作要领:

(1)乳鸽要飞透水、洗干净。

(2)应加盖以防串味、保持香味。

(3)按原料性质掌握火候。

(4)汤好时要去掉姜、葱,撇清浮油。

【实训组织】

1. 老师演示(操作示范:淮杞炖乳鸽)。

2. 学生实训(淮杞炖乳鸽,2人一组)。

3. 老师点评(小结,评分)。

【实训准备】

1. 实训工具:

刀具、砧板、炒锅及配套工具、炖盅。

2. 实训材料(每组):

原料:乳鸽1只、淮山15克、杞子10克、瘦肉100克、火腿20克、姜2片、葱2条、清水750克。

调料:精盐、味精、绍酒。

【作业与思考】

1. 乳鸽为何要先飞水?

2. 炖汤为什么要加盖?

3. 炖料有何作用?

学生实训评价表　　　　　　　　　年　　月　　日

班别		姓名		学号	
实训项目	淮杞炖乳鸽		老师评语		
评价内容	配分	实际得分			
汤色、火候	40				
香气、味道	30				
汤料、质感	20				
卫生、洁度	10				
总分	100		老师签名：		

淮杞炖乳鸽

【实训项目2】

虫草花炖鸡

【实训目的】

1. 了解分炖法的工艺方法和操作要领。

2. 掌握原炖法和分炖法的不同特点。

3. 掌握虫草花炖鸡的制作过程和成品要求。

【技术理论与原理】

1. 炖就是将原料放在炖盅内,加入汤水或沸水,加盖,用蒸汽长时间加热,调味后成为汤水清澈香浓、物料软熠的汤菜的烹调方法。炖制的成品一般称为炖品。按各种炖制时是合盅炖还是分盅炖,炖烹调法可分为原炖法和分炖法两种制法。

2.分炖法:一个炖品的原料分为几盅炖制,炖好后再合成一盅的方法称分炖法。分炖法制作稍烦琐,但能满足炖品不同原料受火时间不同的要求,易于掌握汤色,成品汤色明净、肉色鲜明、造型美观。

3.虫草花,不是虫草的花,它是人工培养的虫草子实体,培养基是仿造天然虫草所含的各种养分,包括谷物类、豆类、蛋奶类等,属于一种真菌。为了跟冬虫夏草区别开来,聪明的商家给它起了一个美丽的名字,叫作"虫草花",虫草花外观上最大的特点是没有了"虫体",而只有橙色或者黄色的"草",而功效则和虫草差不多,均有滋肺补肾、护肝、抗氧化、防衰老、抗菌、抗炎、镇静、降血压、提高机体免疫能力等作用。

4.虫草花炖鸡属于分炖,它的成品特点是:汤色金黄,清澈明净,气味芳香而醇,汤水鲜美,鸡肉软滑。

【实训方法】

1.烹调方法:炖法——分炖。

2.工艺流程:处理主料→分盅炖制→调味→合盅→封纱纸→返炖→成品。

3.操作过程与方法:

(1)把光鸡斩成小块,洗净飞水后放在炖盅内,加入姜件、葱条、火腿、瘦肉及沸水,加盖。

(2)虫草花浸洗干净后,放在另一盅内,加入洗净的红枣、淮山、杞子和少量沸水,加盖。

(3)两盅均放进蒸笼内,用中火炖90分钟至够身。

(4)滗出鸡汤和虫草花汁,鸡造型后加入虫草花。

(5)鸡汤加入虫草花汁,加入味料调味后淋回炖盅内,封上纱纸,返炖30分钟即可。

4.操作要领:

(1)肉料先要飞水。

(2)按原料的特性及成品要求分盅。

(3)根据成品要求灵活掌握各盅火候。

(4)合盅时,各盅汤汁适量调入。

【实训组织】

1.老师演示(操作示范:虫草花炖鸡)。

2.学生实训(虫草花炖鸡,2人一组)。

3.老师点评(小结,评分)。

【实训准备】

1.实训工具:

刀具、砧板、炒锅及配套工具、炖盅。

2.实训材料(每组)：

原料：光鸡 300 克、虫草花 15 克、瘦肉 100 克、火腿 20 克、红枣 5 枚、淮山两片、杞子 10 粒、姜 2 片、葱 2 条。

调料：精盐、味精、绍酒、胡椒粉。

【作业与思考】

1.分炖时要注意掌握哪些关键要素？

2.原炖法和分炖法有何区别？

3.虫草花是什么？

虫草花炖鸡

主要参考书目

1. 谭小敏. 中式烹饪工艺实训. 北京 : 中国劳动社会保障出版社, 2011.
2. 黄明超. 粤菜烹饪教程. 广州 : 广东省出版集团广东经济出版社, 2007.

责任编辑:张　娟

部分图片提供:微图网

图书在版编目(CIP)数据

粤菜烹饪基础工艺实训／张江主编. -- 北京 :旅
游教育出版社,2014.7(2022.8重印)

国家中等职业教育改革发展示范校创新系列教材

ISBN 978-7-5637-2943 -2

Ⅰ.①粤… 　Ⅱ.①张… 　Ⅲ.①粤菜—烹饪—方法—中
等专业学校—教材 　Ⅳ.①TS972.117

中国版本图书馆 CIP 数据核字(2014)第 116777 号

国家中等职业教育改革发展示范校创新系列教材

粤菜烹饪基础工艺实训

张江　主编

出版单位	旅游教育出版社
地　　址	北京市朝阳区定福庄南里 1 号
邮　　编	100024
发行电话	(010)65778403 65728372 65767462(传真)
本社网址	www.tepcb.com
E - mail	tepfx@ 163. com
印刷单位	唐山玺诚印务有限公司
经销单位	新华书店
开　　本	787 毫米×1092 毫米　1/16
印　　张	18.375
字　　数	352 千字
版　　次	2014 年 7 月第 1 版
印　　次	2022 年 8 月第 7 次印刷
定　　价	42.00 元

(图书如有装订差错请与发行部联系)